海洋 DISCOVERY

探索未知事物
引领孩子走进海洋世界

"看见·海洋" "十四五" 国家重点出版物出版规划项目

GUANYU SHAYU DE YIQIE

关于鲨鱼的一切

陶红亮 主编

海洋出版社

2024年·北京

图书在版编目（CIP）数据

关于鲨鱼的一切 / 陶红亮主编． -- 北京 : 海洋出版社，2024.3
（海洋 Discovery）
ISBN 978-7-5210-1095-4

Ⅰ．①关… Ⅱ．①陶… Ⅲ．①鲨鱼—普及读物 Ⅳ．①Q959.41-49

中国国家版本馆CIP数据核字（2023）第053357号

海洋 Discovery

关于鲨鱼的一切 GUANYU SHAYU DE YIQIE

总 策 划：刘 斌	发行部：（010）62100090
责任编辑：刘 斌	总编室：（010）62100034
责任印制：安 淼	网　 址：www.oceanpress.com.cn
设计制作：冰河文化·孟祥伟	承　 印：侨友印刷（河北）有限公司
	版　 次：2024年3月第1版
	2024年3月第1次印刷
出版发行：海洋出版社	开　 本：787mm×1092mm　1/16
地　　址：北京市海淀区大慧寺路8号	印　 张：13
100081	字　 数：210千字
经　 销：新华书店	印　 数：1～3000册
	定　 价：128.00元

本书如有印、装质量问题可与发行部调换

海洋 Discovery

| 顾　问 |

金翔龙　　李明杰　　陆儒德

| 主　编 |

陶红亮

| 副主编 |

李　伟　　赵焕霞

| 编委会 |

赵焕霞　　王晓旭　　刘超群

杨　媛　　宗　梁

| 资深设计 |

秦　颖

| 执行设计 |

秦　颖　　孟祥伟

前言

海洋是地球上面积最大的水体的总称，中心部分称作洋，边缘部分称作海，彼此沟通组成统一的水体。海洋总面积约为3.6亿平方千米，占地球表面积的71%，人类赖以生存的陆地与海洋相比，只是一个"小不点儿"。

海洋是生命的摇篮。在浩瀚的海洋中栖息着形形色色的生物，有身躯庞大的鲸、身材迷你的磷虾、性情凶猛的鲨鱼、摇曳生姿的水母……它们共同组成了丰富多彩的海洋世界。

在众多海洋生物中，鲨鱼是一种奇特的存在，它们在恐龙出现之前就已经生活在地球上。在漫长的时间里，鲨鱼家族不断壮大，而且"精英"辈出，有的体型庞大，有的异常凶猛，还有的游动速度惊人……它们都是本书着重介绍的角色，也是值得人们了解和研究的对象。

鲨鱼的感觉器官异常灵敏：嗅觉、味觉、触觉、视觉以及听觉都非常出色，能追踪猎物发出的电子信号，即便是在黑暗无光的深海中也能精准追踪和捕食猎物。

通过对鲨鱼的深入了解，人们就会发现它们

的世界丰富多彩。对人类来说，鲨鱼是一种可怕的存在，因为鲨鱼伤人的事故形成各种传说，足以让人们以为鲨鱼都是穷凶极恶的。实际上，除了大白鲨等少数种类之外，大多数鲨鱼不会主动攻击人类，只要不去侵入或者误入它们的活动区域，鲨鱼和人类就可以和平相处。另外，鲨鱼全身是宝，具有很高的经济价值，因此，人类开始捕杀鲨鱼。时至今日，人类给鲨鱼带来的灾难，已经超过了鲨鱼对人类的伤害。

事实上，鲨鱼在海洋生态系统中的地位和作用是无法替代的，它们作为海洋中的顶级掠食者，是海洋中不能缺少的重要而关键的物种，如果鲨鱼灭绝的话，将会给整个海洋生态系统甚至地球生物圈带来不可估量的后果。

本书是一本关于鲨鱼的科普图书，内容丰富精彩，图片精美，其对鲨鱼的详细介绍，为人们打开了一扇关于鲨鱼的知识之窗，让人们通过了解鲨鱼，进而认识海洋，爱护海洋环境，保护海洋生态。

目录
CONTENTS

Part 1 | 鲨鱼真实的样子

2/ 鲨鱼是什么样子的

8/ 大海中的游泳健将

14/ 鲨鱼的内部构造和智力

20/ 超级感官明星

26/ 满口锋利的牙齿

32/ 疯狂的掠食者

Part 2 | 生命的奇妙旅程

40/ 生活就是一场旅行

46/ 繁殖下一代

52/ 鲨鱼的食物

56/ 鲨鱼的那些依附者

Part 3 | 来自生活的考验

64/ 珊瑚礁上的生活

70/ 黑暗环境下的生活

74/ 边界线上的生活

80/ 群居的生活

CONTE

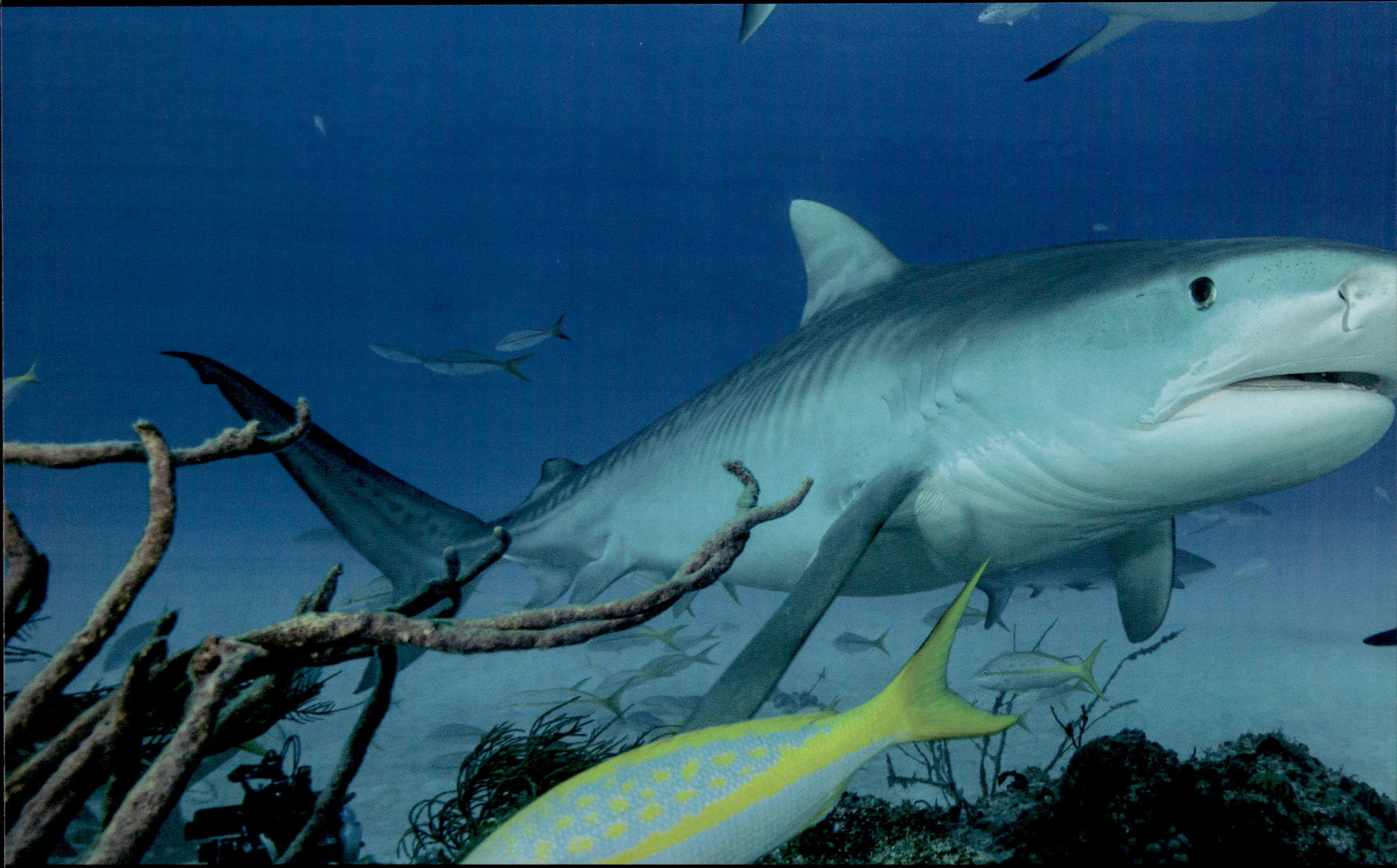

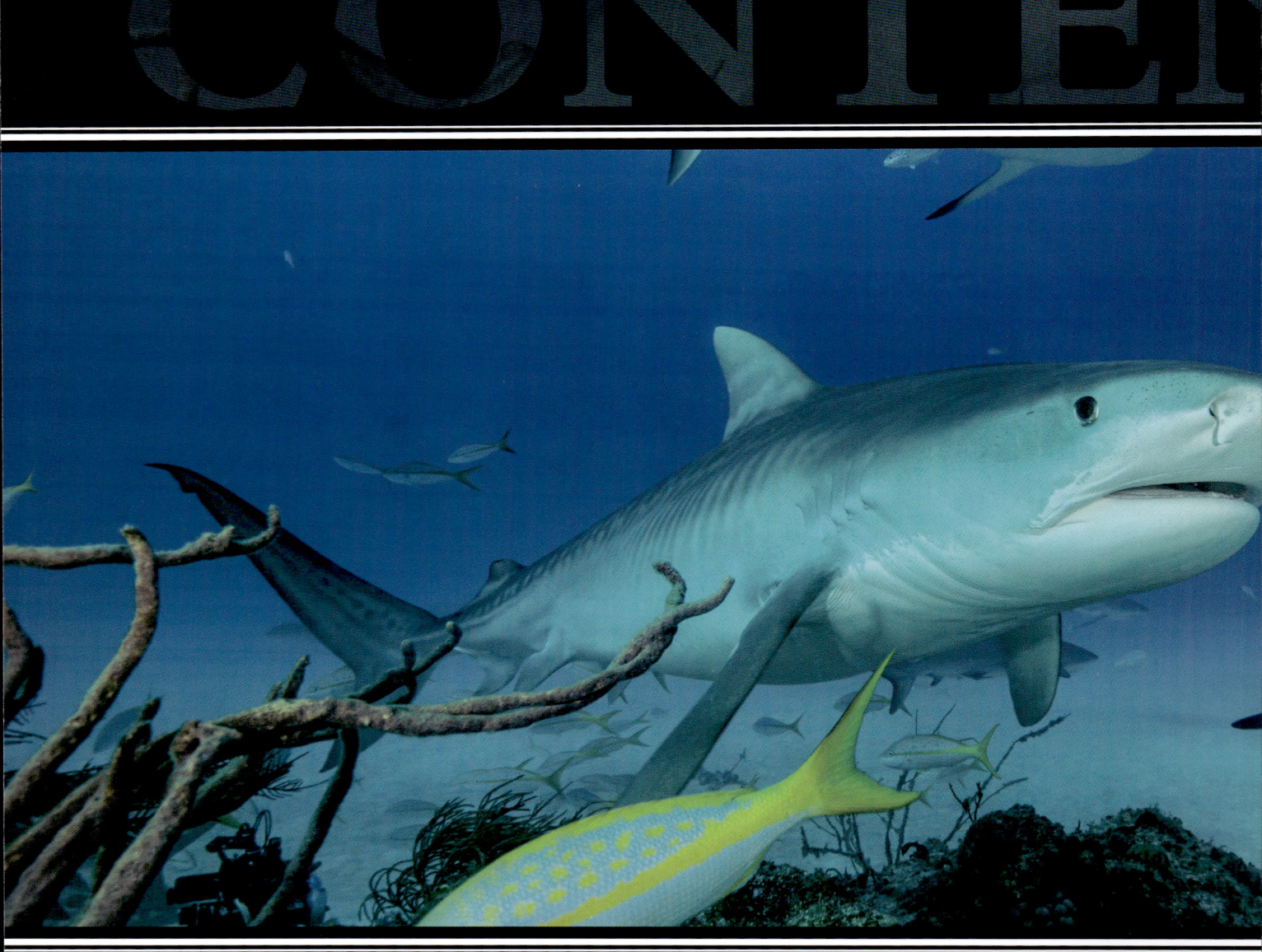

86/ 鲨鱼也有天敌

92/ 鲨鱼的伪装

Part 4 | 鲨鱼庞大的族群

100/ 鲨鱼的分类

106/ 鲨鱼之最

112/ 庞大而无害的鲨鱼

118/ 体型微小的鲨鱼

124/ 长尾巴鲨鱼

130/ 鲨鱼的亲戚们

136/ 穿越历史的鲨鱼

142/ 远古的鲨鱼

148/ 稀有的鲨鱼

154/ 濒危物种

Part 5 | 来自人类的好奇

162/ 鲨鱼究竟有多可怕

166/ 没有鲨鱼会怎样

172/ 鲨鱼与人类

178/ 海洋生物学家与鲨鱼

184/ 掠食者保护计划

附录 | 鲨鱼图鉴

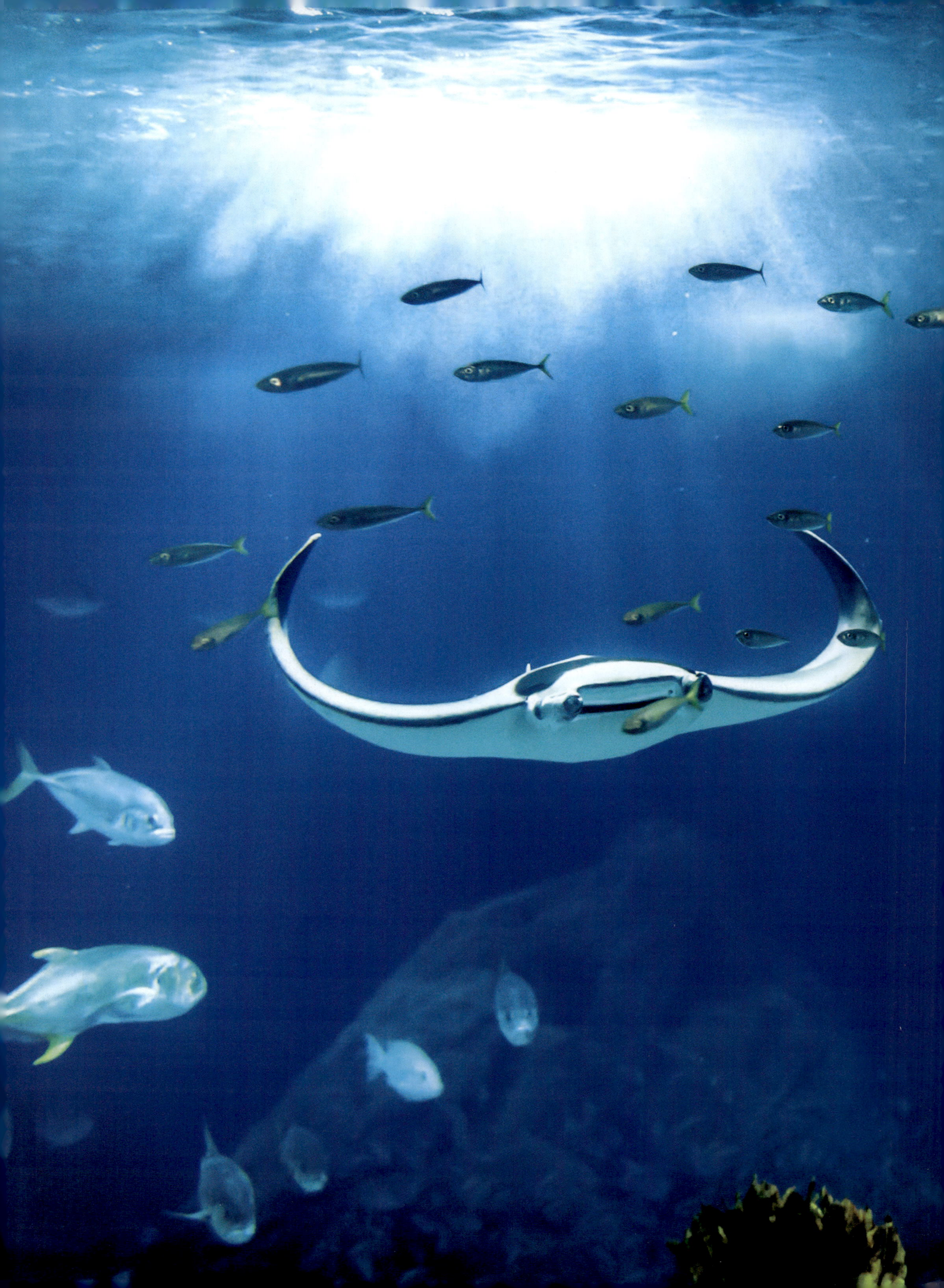

Part 1
鲨鱼真实的样子

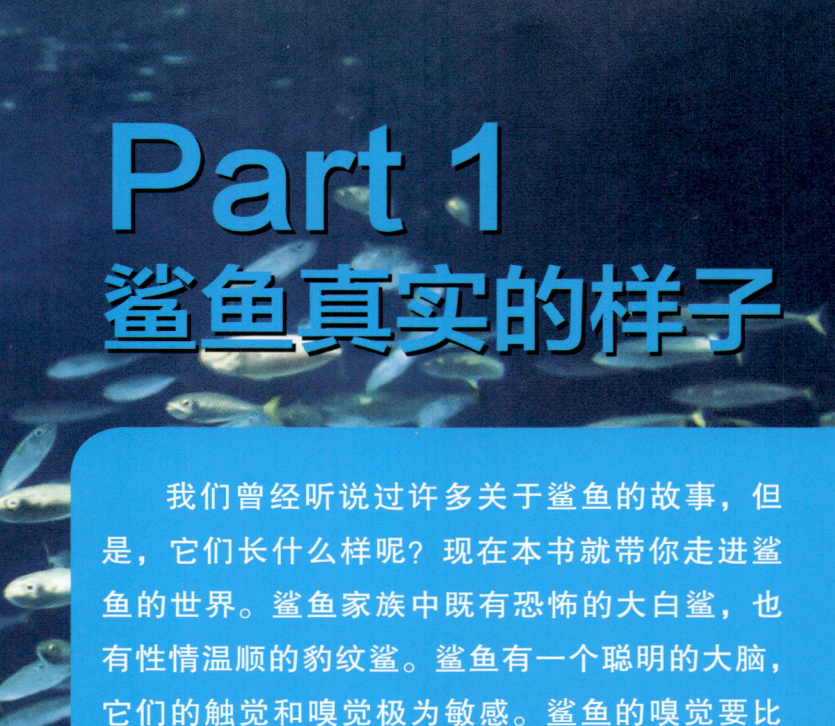

我们曾经听说过许多关于鲨鱼的故事,但是,它们长什么样呢?现在本书就带你走进鲨鱼的世界。鲨鱼家族中既有恐怖的大白鲨,也有性情温顺的豹纹鲨。鲨鱼有一个聪明的大脑,它们的触觉和嗅觉极为敏感。鲨鱼的嗅觉要比人类的嗅觉灵敏数百倍。

Part 1 鲨鱼真实的样子

鲨鱼是什么样子的

鲨鱼从内部结构到外部特征，都不同于海洋中的其他鱼类。鲨鱼是一类可以高速游动的掠食者，它们已在海洋中生活了上亿年。鲨鱼的全身上下没有一块硬骨，一身的软骨支撑着它们庞大的躯体，以及强健有力的肌肉和鳍。这些软骨构成了它们长满利齿的颌部，还可以保护作为神经中枢的大脑。许多刚出生的小鱼几乎没有什么防御能力，而幼鲨从出生的那一刻起，就已经拥有了天生的捕猎能力。多数鱼类的寿命只有几年，但是鲨鱼可以在海洋里存活20～40年，甚至更长的时间。

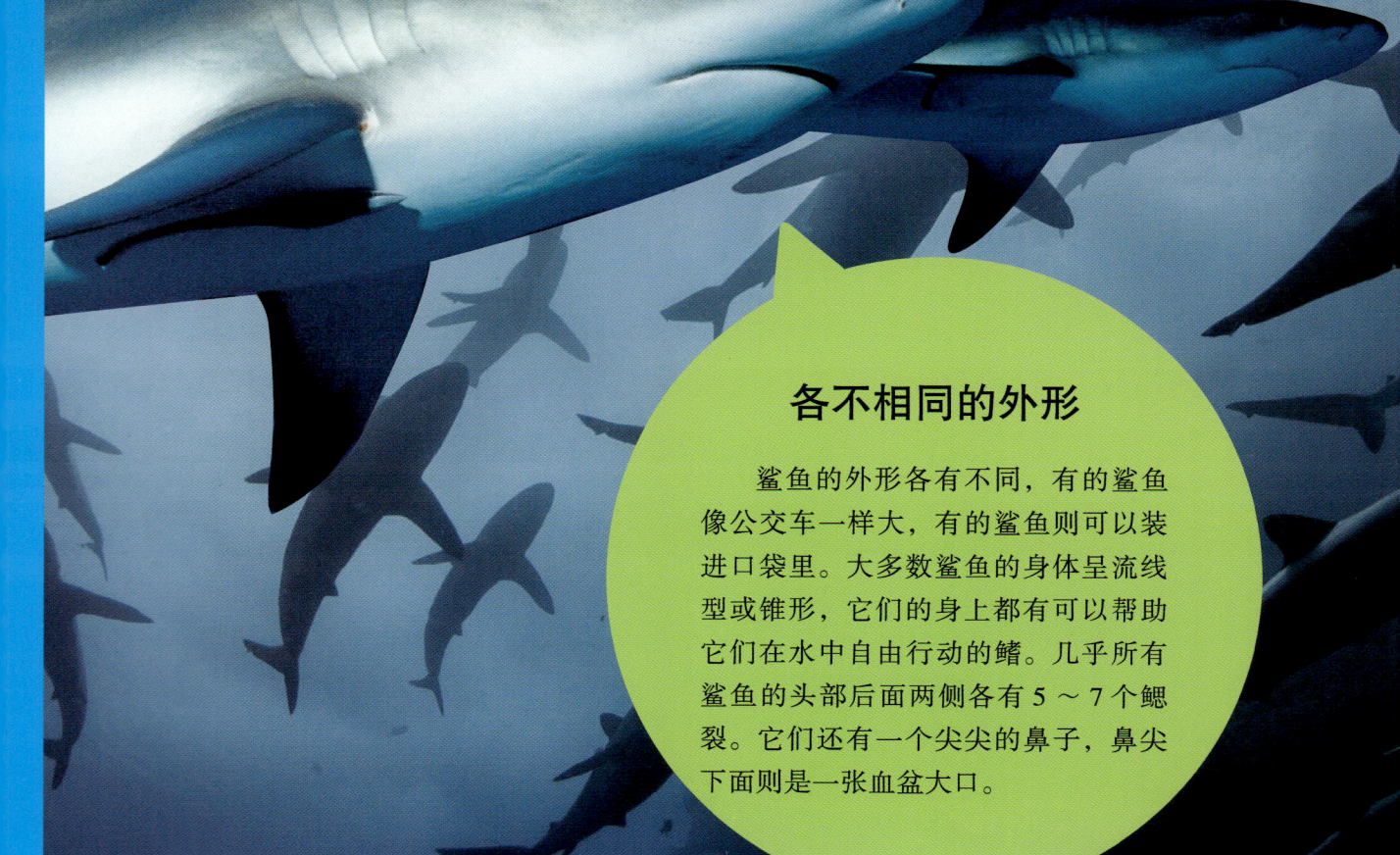

各不相同的外形

鲨鱼的外形各有不同，有的鲨鱼像公交车一样大，有的鲨鱼则可以装进口袋里。大多数鲨鱼的身体呈流线型或锥形，它们的身上都有可以帮助它们在水中自由行动的鳍。几乎所有鲨鱼的头部后面两侧各有5～7个鳃裂。它们还有一个尖尖的鼻子，鼻尖下面则是一张血盆大口。

月牙形尾巴

鲨鱼在游弋的时候，尾部会推着身体前行。那些游速很快的鲨鱼都有坚硬的月牙形尾巴，它为鲨鱼提供了强大的动力。那些游动速度不是很快的鲨鱼则有长长的、弯曲的尾部。

鲨鱼也有颅骨

和人类一样，鲨鱼也有颅骨，但它是由软骨组成的，叫作软颅。软颅是用来保护鲨鱼的大脑、眼睛及其他柔软的组织的。鲨鱼的血液和神经穿梭在各个软骨的缝隙之间，贯穿全身。

海洋万花筒

通过一张鲨鱼的X光片，我们可以看出鲨鱼的一些突出的特征。它们有锋利的牙齿、强大的颌部以及坚韧的骨骼。

Part 1 鲨鱼真实的样子

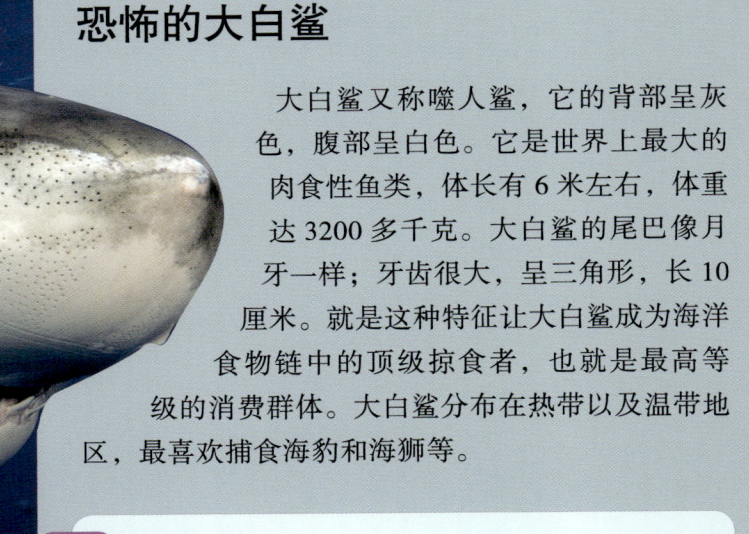

恐怖的大白鲨

大白鲨又称噬人鲨，它的背部呈灰色，腹部呈白色。它是世界上最大的肉食性鱼类，体长有 6 米左右，体重达 3200 多千克。大白鲨的尾巴像月牙一样；牙齿很大，呈三角形，长 10 厘米。就是这种特征让大白鲨成为海洋食物链中的顶级掠食者，也就是最高等级的消费群体。大白鲨分布在热带以及温带地区，最喜欢捕食海豹和海狮等。

奇闻逸事

尽管大白鲨是世界上最大的肉食性鱼类，但它们依然逃脱不了人类的捕杀。每年都有大量的大白鲨被捕杀。

大白鲨经常四周勘察，甚至将头伸出水面。大白鲨为了免于争斗，会使用尾巴用力拍打水面，水花最大的那一个就是领头的大白鲨。

鼬鲨

鼬鲨具有不可思议的好胃口，它们是身上长着条纹的肉食者，属于攻击人类最多的 3 种鲨鱼之一。幼鼬鲨身上的条纹尤为明显，长大之后就会慢慢地变淡消失。鼬鲨几乎不挑食，水母、海豚和海龟等仅仅占了鼬鲨食谱的一小部分。人们还在鼬鲨的胃中发现过盔甲、纸制品和塑料桶等物品。因此，它们被称为"海洋里的垃圾桶"。

擅长游泳的长尾鲨

长尾鲨属于鲨鱼界中的游泳健将，它们经常依靠自己长长的尾巴从水面一跃而起。长尾鲨的尾巴比其他鲨鱼的都要长，它们用自己的尾巴将鱼群驱赶到一起，然后再进行捕食。

灰鲭鲨

　　灰鲭鲨是海洋中的顶级掠食者。它们一旦发育成熟，除了人类外，就几乎没有其他天敌了。灰鲭鲨以其极强的攻击性和极快的速度闻名于世。它们的牙齿边缘光滑、细长且像弯曲的钩子一样。尽管灰鲭鲨可以下潜至海洋500米的深处，但它们大部分的猎物都是在接近水面处所捕捉到的。它们的视力也非常好，但是它们有可能是色盲。

鲸鲨

　　鲸鲨是世界上体型最大的鲨鱼，体长可以达到18米左右。它们以捕捉小鱼和浮游生物为食，通过大口吞进海水，然后用鳃过滤海水，再将浮游生物以及小鱼留在嘴里进食。这种鲨鱼对人类没有危害。

Part 1 鲨鱼真实的样子

好奇心很重的灰礁鲨

灰礁鲨是珊瑚世界中的王者，它们会将鱼群驱赶到锋利的珊瑚礁附近，将它们逼到无处可逃，再进行捕食。灰礁鲨天性好奇，经常会游到潜水者的身旁。当它们的身体开始弯曲成"S"形的时候，就应该警惕了，这表示它们感觉到了威胁，可能会攻击人类。

爱吃贝壳的虎鲨

虎鲨以贝类为食，它们有巨大的喉咙，可以像吸尘器一样吸取海底的贝类。虎鲨的背鳍前方长着一根十分尖锐的刺，这根刺主要是用来自我保护的。

懒惰的须鲨

须鲨属于守株待兔型的捕食者，它们常年身处海底，有和海床的颜色一样的保护色。它们经常一动不动地待好几小时，直到有猎物游到它们嘴边为止。须鲨喜欢吃章鱼和螃蟹。它们为了适应周围环境的变化，每隔几天就会变换一次体色。

喜欢外海生活的姥鲨

姥鲨是一种大洋性大型鲨鱼，它们是仅次于鲸鲨的世界上第二大滤食鲨，主要生活在外海，但也经常会出现在岸边。姥鲨主要以浮游无脊椎动物、鱼卵和小鱼为食。

温顺的豹纹鲨

豹纹鲨就像它的名字一样，浑身长满了豹纹。豹纹鲨的体长可达 2.4～3.5 米，尤其是尾部特别长，比头和躯干长 2 倍多。这种鲨鱼行动迟缓，性情比较温顺，是主要栖息于近海中的大型肉食性鲨鱼。豹纹鲨白天经常潜伏在沙底的暗礁中，到了晚上则会钻进暗礁的洞穴中觅食，主要以软体动物和甲壳动物为食。

开动脑筋

下面的鲨鱼中，哪一种鲨鱼性格比较温和呢？（　　）

A. 大白鲨
B. 虎鲨
C. 双髻鲨
D. 豹纹鲨

参考答案：A

海洋 Discovery 系列　关于鲨鱼的一切

Part 1 鲨鱼真实的样子

大海中的游泳健将

很多鲨鱼终其一生都在不断地游动，因为它们中大多数一旦停下来就会窒息而亡。鲨鱼的身体符合流体力学的设计，它们的皮肤上覆盖着大量表面坚硬光滑的齿状鳞片，有助于减少摩擦力，可以让它们在大海里顺畅地滑行。鲨鱼的软骨骨骼非常坚硬，这也让它们活动得更加自如，并且它们的肌肉分工也相当明确，为它们长时间地游动提供了稳定的动力。

不游动也能呼吸的鲨鱼

有的鲨鱼不像大多数鲨鱼那样靠不断地游动来呼吸。斑点长尾须鲨又叫肩章鲨，它们可以在海底停止游动的时候，靠自身的肌肉，让海水不断地通过鳃上的排水孔进出。

灰三齿鲨可以在自身静止不动的时候，通过负压将水从嘴输送到鳃中，并完成呼吸。

杰克逊港鲨头部后面的每一侧都有5个鳃裂，它们用身体最前端的长鳃进水，然后用后4个鳃排水完成呼吸。

尾鳍仿佛螺旋桨

鲨鱼在游动的时候，身体像蛇一样，与它们的尾鳍相互配合着一同推动鲨鱼前进。鲨鱼的尾鳍就像汽艇的螺旋桨一样，它们会通过横向来回摆动来给鲨鱼的游动提供动力。

海洋万花筒

鲸鲨有很大的尾鳍，因此它们可以迅速且灵活地在水中活动，它们以时速75千米的速度，在各类鲨鱼中脱颖而出。在高速冲刺下，鲸鲨甚至可以一跃而起，高出水面6米多。而速度较慢的鲨鱼，尾鳍的下叶则不是很明显。

背鳍和胸鳍控制游动

鲨鱼的背鳍和胸鳍主要起到稳定和控制游动的作用。它们的胸鳍是用来控制方向的，如果操作适宜，鲨鱼会在胸鳍的作用下紧急刹车，或者灵活地侧身而过。胸鳍就像飞机的机翼，可以为它们提供所需的浮力。而背鳍则用来稳定身体，避免身体陷于摇摆不定的状况。

Part 1 鲨鱼真实的样子

海洋 Discovery 系列　关于鲨鱼的一切

提供动力的肌肉

鲨鱼的肌肉呈"Z"字形,可以提供动力的肌肉占了鲨鱼全身重量的65%之多。这些肌肉组织为鲨鱼提供了一生的动力。

红肌和白肌

　　白肌纤维属于运动性运动神经单位,负责随意运动,又称作快速运动单位。而红肌纤维则相反,力度较强,但坚持不久。红肌纤维属于张力性运动神经元,负责维持张力姿势,又称作缓慢运动单位。当鲨鱼突然加速时,其身体中处于外侧的白肌,会强力地收缩,而当它平稳游动时,大部分工作则是由红肌来完成的。

奇闻逸事

　　尖吻鲸鲨又叫灰鲸鲨,它们有着矫健的身姿,犹如海洋里的运动员一样。灰鲸鲨的体形和鱼雷差不多,且拥有月牙形的尾部,而这种特征可以让灰鲸鲨在水里加速时克服阻力。它们的肌肉十分有力,可以使它们像导弹一样迅猛地跃出水面。

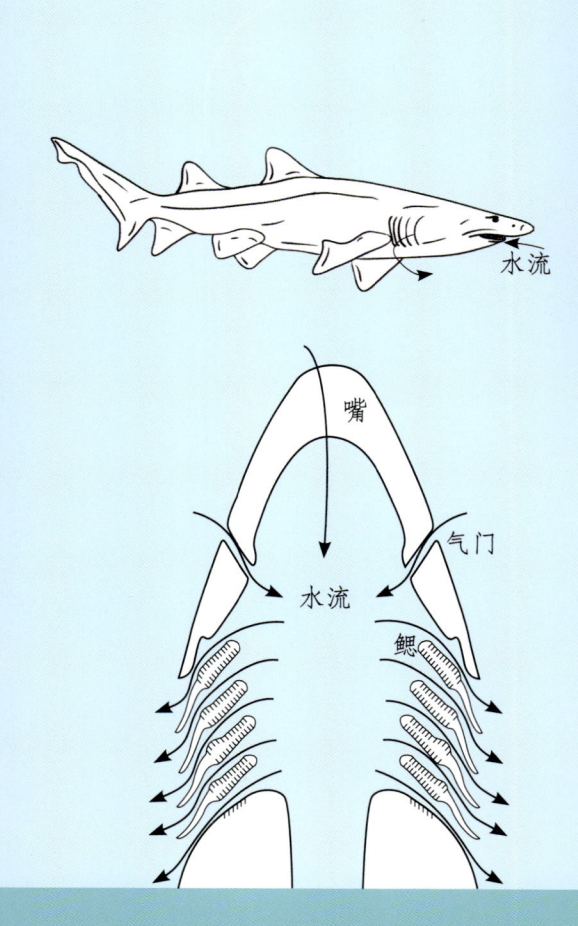

游泳才能呼吸

鲨鱼的鳃在它们的头部后面两侧,通常来说,鲨鱼都有 5～7 对鳃裂。鲨鱼通过鳃裂进行呼吸,当海水流经鳃裂时,海水中的氧气会融进血液,二氧化碳则会随着海水一同排出去,这也就是为什么鲨鱼要不停地游动的原因,其目的就是一直呼吸。

肌肉就像热交换器

许多鲨鱼都能让自己的体温保持在一种明显高于海水温度的状态,这是因为它们可以使用回流的血液循环方式,如大白鲨、鲸鲨等。鲨鱼体内的肌肉就像热交换器一样,能够长时间将热量保存在体内,也就是说它们可以长时间保持较高的体温,所以它们的反应速度也较快。

不会倒退的鲨鱼

鲨鱼只能前进,不能倒退,所以它们经常会陷入一些障碍之中,从而无法挣脱。因为鲨鱼身体的密度比水的密度要大一些,所以每当它们不再积极游动的时候就会很快沉入海底。鲨鱼游得很快,但是高速游动的状态无法持久,只能保持很短的一段时间。

Part 1 鲨鱼真实的样子

有鳞片的鲨鱼皮

鲨鱼的浑身布满了尖锐的鳞片,这些鳞片就像牙齿一样,虽说只有针头一般大小,但十分坚硬。这些细齿和盾鳞大多数都具有纵向凹槽,它们相互交错且密密麻麻地排列在一起。每一块盾鳞都有一个釉质的顶尖、一层骨质组织和一个充满细软髓质的空腔,里面分布着神经和血管。这些盾鳞可以引导水流,起到减少前进阻力的作用。

鲨鱼的骨骼

虽说鲨鱼是鱼类,但它们并没有硬骨。鲨鱼的骨架从头到尾都是由柔软的、可弯曲的软骨所构成的。软骨比硬骨要轻,所以鲨鱼不需要消耗太多的能量就可以轻松地浮在水中。鲨鱼在围捕猎物的时候,需要消耗很大的体力,它们的骨骼也会承受很大的压力。因此,在它们的脊椎、颚骨及脑壳中都会蓄积一些可以增强软骨强度的矿物质。

脊椎骨的年轮

就像树木的年轮一样,鲨鱼的脊椎骨也会随着年龄的增长而不断生长,形成一圈又一圈的环状纹。所以,人们可以通过鲨鱼脊椎骨的环状纹推测出它们的年龄。

海洋猎人

鲨鱼是海洋中大名鼎鼎的猎人，它们锋利的牙齿和矫健的身姿，让其他鱼类毛骨悚然。但是，并不是所有的鲨鱼都是如此，也有一些鲨鱼只捕食非常小的动物，如贝类。但更多的则是那些体型较大、感官敏锐和速度惊人的鲨鱼，除了那些比它们更大的鲨鱼外，它们几乎没有天敌。

顶级掠食者

大白鲨是所有鲨鱼中体型最大的掠食者之一，它们天生速度惊人，拥有极其敏锐的感官和巨大的下颚。它们主要捕食海豹等其他体型较大的动物。大白鲨的视力和嗅觉也是极好的，它们可以在5千米以外的水域嗅到极为微弱的血腥味。

我的体型最大！！

开动脑筋

世界上游得最快的鲨鱼和最慢的鲨鱼分别是什么？（　　）
A. 大白鲨、虎鲨
B. 鲸鲨、豹纹鲨
C. 长尾鲨、须鲨
D. 尖吻鲭鲨、格陵兰鲨

Part 1 鲨鱼真实的样子

海洋 Discover 系列　关于鲨鱼的一切

鲨鱼的内部构造和智力

鲨鱼有许多和人类一样的器官，如脑、肾、可以伸缩的胃以及输送血液的心脏。其他的内部器官则是为了适应水下的生活而形成的特殊的结构。鲨鱼通过鳃将水中的氧气输送进血液，并同时排放出二氧化碳。充满油脂的肝给鲨鱼提供了浮力，可以让鲨鱼轻而易举地在水中悬浮。特殊的血管网络则可以给眼部、脑部及一些肌肉群提供能量，让鲨鱼可以在海洋中灵活地游动。

奇网

奇网是一种血管网络，鲨鱼身体内部器官和其肌肉所产生的热量，可以通过这里温暖鲨鱼鳃部冰冷的血液。

鳍脚不是脚

雄性鲨鱼和雌性鲨鱼之间最大的区别就在于雄性鲨鱼的腹鳍上有一个鳍脚,这是一种生殖器官。

脑和嗅球

鲨鱼的脑部连接着脊髓。脊髓的主要功能是处理其他器官发来的信号。鲨鱼具有强大的嗅球,可以通过它向大脑传递关于气味的信号。嗅球使鲨鱼有着极为敏锐的嗅觉,它们可以非常轻易地嗅到让它们害怕或厌恶的气味。

提供浮力的肝脏

有的鲨鱼肝脏的重量可以达到全身重量的30%,其中的油脂给鲨鱼提供了很强的浮力,并且还能提供额外的能量。有一种浮力极强的肝脏油脂叫鲨烯,来自深海鲨鱼。

靠伸缩消化的胃部

鲨鱼的胃部像人的一样,可以随着进食量不断地伸缩,并将食物慢慢地消化掉。当食物经过肠道,胰腺中的一些化学物质,可以帮助鲨鱼自身消化和吸收掉这些食物。

Part 1 鲨鱼真实的样子

游速极快的鲑鲨

太平洋鼠鲨的别名又叫鲑鲨，它们的游速极快，可以达到每小时 60 千米。它们的血管中有 4 条奇网，可以让它们的体温常年保持在 24℃左右。太平洋鼠鲨有两个子宫，每一个子宫中都可以孕育一条幼鲨。与其他雌性鲨鱼一样，太平洋鼠鲨的卵巢也是凹凸不平的，卵在这里形成。而雄性鲨鱼的主要生殖器官是可以产生精子的精巢。

奇闻逸事

人体分泌物有一种左旋羟基丙氨酸的气味，它在海水中的含量仅仅只有 800 亿分之一，但是鲨鱼可以嗅出这种气味。据说有一位钓鲨高手，在后来钓鲨的过程中怎么也钓不上来鲨鱼了，而其他的渔民则钓得越来越多。经过鱼类研究学者的研究，发现这位钓鲨高手以前得过一种皮肤病，所以，在他的鱼竿上就有这种左旋羟基丙氨酸，鲨鱼就是因为嗅到了这种气味，所以才不会上钩了。

海洋万花筒

鲨鱼的肝脏不仅在消化和解毒方面起着很重要的作用，同时还为鲨鱼提供了所需的浮力，让它们免于下沉。大多数的硬骨鱼都具备一个可以充气的鱼鳔，鲨鱼并没有这样的器官，它们凭借储存在肝脏里的、比水轻的油来实现鱼鳔的功能。

奇闻逸事

有一种远古时期的生物叫作盲鳗，这种生物一般生活在海底 100 米左右处。它们是雌雄同体，在交配时先充当雄性，生育的时候又充当雌性。盲鳗的嘴像一个椭圆形的吸盘，里面长着锋利的牙齿，它们会吸附在鲨鱼身上，然后一点点地向着鲨鱼的鳃边滑动，再悄悄地从鳃边钻进鲨鱼的身体，开始吞食鲨鱼的内脏和肌肉。它们每小时所吃的食物都是自己身体的两倍，并且边吃边排泄，最后让鲨鱼在痛苦中挣扎死去。

排泄器官

鲨鱼的排泄器官由肾脏、输尿管和膀胱组成。它们的肾脏位于胸腹腔的背部，是一对比较狭长的紫红色的器官。两个肾脏各有一条输尿管，沿着胸腹腔背壁一直向后，在末端处合二为一，便形成了膀胱。肾脏的主要功能是排出代谢物，以及对渗透起到一定的调节作用。

Part 1 鲨鱼真实的样子

鲨鱼聪明的大脑

通常情况下,鲨鱼都是凭直觉来行动的。科学家通过动物的脑重量和身体其余部分重量的比例来鉴定动物的智力。

海豚

海豚的大脑重量约占它体重的1%。尽管如此,海豚相比海鸥以及其他海洋生物来说,拥有较强的学习能力。所以,海豚看起来也比其他海洋生物聪明许多。

人类

人类大脑的重量约占人体总重量的2%。人类的脑构造在所有物种中是最复杂的,它拥有大量的新生大脑皮层,可以用来进行更深层次的思考。这一点是其他所有物种无法比拟的。

短吻鳄

短吻鳄的大脑重量仅仅占身体重量的 0.02%。一只体重为 68 千克的成年短吻鳄的大脑只有 14 克重。虽说短吻鳄的大脑比重非常小，但是它和其他爬行动物相比的话，已经算是聪明的了。

白斑角鲨

白斑角鲨的大脑重量不到其体重的 1%。它们属于较小型的群居性鲨鱼，行动一般较为迟缓，缺乏活力。

路氏双髻鲨

路氏双髻鲨的大脑是所有鲨鱼种类中最重的，并且它们的大脑结构极为复杂。路氏双髻鲨的大脑重量占身体重量的 1.2% 左右，这种较高的大脑比重，也让路氏双髻鲨拥有了很强大的捕食能力。

Part 1 鲨鱼真实的样子

海洋 Discover 系列　关于鲨鱼的一切

超级感官明星

　　鲨鱼不管在深海还是在较浅的地方，都具有极高的捕猎精准度。之所以如此，主要归功于它们具有超高敏锐度的感官。鲨鱼的耳朵位于其头颅内部，听觉就相当于鲨鱼在捕猎时的探测器。它们的听觉十分敏锐，在 500 米开外都能听到鱼发出的声音。除此之外，鲨鱼还具有极强的嗅觉，它们对于血腥的气味极其敏感。当海水的能见度很高的时候，鲨鱼可以通过追踪声音和气味，凭借自身的电感应能力，在关键时刻将猎物一举拿下。

视觉

　　鲨鱼的眼睛大多都长在头部的两侧，但是常年身处于海底的鲨鱼，其眼睛则长在头部的上方。鲨鱼之所以在黑暗的环境中也能看得一清二楚，是因为它们拥有一个俗称为"照膜"的反光组织，这层组织就紧贴在鲨鱼视网膜的后面。它们可以将视网膜上的感光细胞反射回视网膜，并让其再一次受到光线刺激。

触觉

所有鲨鱼都具有体侧线,这种体侧线隐藏于鲨鱼的身体内部,从外部很难观察到。体侧线一直从头部延伸至尾部,这是一种胶质的通道,通过细小的孔与皮肤相连。这些胶质会把海水波动的情况以及水压的变化,传给自身灵敏的感官细胞。如此,鲨鱼就能轻而易举地觉察周围的猎物了。体侧线属于一种远端感应器,可以确定周围鱼群往哪个方向游动。

其他感应器官

鲨鱼的身上布满了红外线感应器官,它们可以利用这些器官来记录水流的刺激。除此之外,在鲨鱼的表皮上还有无数的、可以感受压力和温度的感应器。由此可见,鲨鱼的表层可谓装了一层又一层的感应器。

触须

有一些生活在海底的鲨鱼的嘴四周都长满了触须。它们可以利用触须感应并捕获猎物。这些栖息于海底的鲨鱼甚至可以通过触须,找到那些隐藏在沙子下面的猎物。

血腥味

鲨鱼对于血腥味是极其敏感的,它们的嗅觉要比人类的灵敏数百倍。它们可以在百米外,通过嗅觉确定猎物的位置。在鲨鱼嘴部上方的鼻孔里有许多嗅觉细胞,通过这些嗅觉细胞,即使被稀释亿万倍的海水,它们都能从中嗅出隐藏着的血腥味。

Part 1 鲨鱼真实的样子

挑食的鲨鱼

鲨鱼对食物很挑剔，它们对从未吃过或者不熟悉的食物都是浅尝一下，然后借助口腔与咽喉中的味蕾来决定要不要继续吃下去。如果不喜欢，它们就会将其吐出来。一般而言，鲨鱼喜欢吃那些含有丰富脂肪的食物，因而，满是瘦肉的食物对鲨鱼来说一点也没有吸引力。鲨鱼尤其讨厌比目鱼，对它们可谓敬而远之，这是因为比目鱼浑身都有黏黏的液体，并且还具有毒性。

看不见的耳朵

鲨鱼没有可以明显观察到的耳朵，但这不代表它们没有。鲨鱼的耳朵位于眼睛正后方的身体内部，它们不仅能听到水波的声音，还能听见数千米以外猎物的声音。鲨鱼的耳朵同样有控制平衡和空间感的前庭系统，它们通过这个系统，反复地检视自身的位置所在。

感应电流

鲨鱼有一种感官,可以让它们感应到周围动物在运动时肌肉所发出的微弱电场。这是人类没有且极为陌生的一种感官。简单来说,动物不经意间的运动,都会向鲨鱼暴露自己的行踪。就算这种肌肉的运动不是来自自身,鲨鱼同样能感受得到。因为,就算是静止不动,心脏的跳动依然还是会持续,这种心脏跳动的声音也同样可以被鲨鱼听到。这种能力来自鲨鱼身上被称为"洛伦氏壶腹"的皮肤感觉器,这些细胞分布于鲨鱼的腹部及头部的背面,看起来就像一个个小小的细孔。

奇闻逸事

如果想要知道附近是否会有一顿蓝鳍金枪鱼大餐,声音是鲨鱼首先选择的线索。鲨鱼通过声音(如猎物引起的海水的震动等)辨别出方向,然后游过去。再通过对气味(如血液的气味等)进行追踪。金枪鱼的心脏和肌肉所产生的电流,对鲨鱼来说就像灯塔一样,引诱着它们紧随其后,不断靠近,最后再对其展开致命一击。

Part 1 鲨鱼真实的样子

双髻鲨

双髻鲨属于真鲨目，体长一般为4米左右。它们的眼睛像一对翅膀，头部十分容易辨认。双髻鲨的眼睛长在头部的两端，这样有利于它们全方位地寻找猎物。双髻鲨有时会成群结队，数量可以多达上百条。但到了夜里，它们猎食的时候都是独自前往。

视觉弱点与优点

双髻鲨因为两只眼睛之间的距离过宽，它们的鼻子中间总会出现盲点，而眼睛上下侧的视野可达360°，使它们向上、向下的视野几乎无死角。

感应器

双髻鲨的头部具有感应器，这让它们可以通过感应器来轻松地扫描出隐藏于海底的猎物。

不同的形状

不同的双髻鲨，其头部的形状也有很多不同。路氏双髻鲨的头部像百褶裙的下摆一样。它们主要以黄貂鱼为食，尽管这种鱼的刺有毒。双髻鲨的头部有一个弯曲、拱形的前端，它们通常会吃小型鲨鱼。

开动脑筋

阴影绒毛鲨的眼睛是哪种颜色？（　　）
A. 黑色　　　B. 褐色
C. 绿色　　　D. 黄色

Part 1 鲨鱼真实的样子

满口锋利的牙齿

鲨鱼的牙齿有大有小、有尖有钝，有锯齿状的，也有平滑的。鲨鱼牙齿的形状与食物类型，以及年龄有关。扁平状的牙齿适合用来碾碎各种螺、蟹和海胆，而锯齿状的牙齿适合用来咬食大型动物。鲨鱼的下颌与头骨的连接并非严丝合缝，所以，它的嘴巴能张得非常大，以便于吞咽大型猎物。

牙齿不止一排

人类的牙齿是一排的，很多动物的牙齿也是一排的，令人惊讶的是，鲨鱼的牙齿却并非固定的一排，而是有5～6排，只有最外排的牙齿才能真正起到牙齿的功能，其余几排都"仰卧"着备用，好像砖瓦房屋顶的瓦片一样彼此覆盖着，当最外一层的其中一颗牙齿脱落时，里面一排的牙齿马上就会向前移动，占据脱落的牙齿空出来的位置。

不同的牙齿

不同种类的鲨鱼,它们的牙齿大小、形状和功能几乎都不相同。例如,有些鲨鱼的牙齿长得利如剃刀,主要用来切割食物;有的鲨鱼的牙齿呈锯齿状,主要用来撕扯食物;还有的鲨鱼的牙齿呈扁平臼状,主要用来碾碎食物外壳和骨头等。

尖锐的牙齿便于咬住表面光滑的猎物。
鲸鲨成千的小牙齿仅用于滤食。
虎鲨牙齿呈锯齿状,有利于撕咬小型海洋哺乳动物。
护士鲨为了碾碎食物的外壳演化出了扁平状的牙齿。

海洋万花筒

大型鲨鱼的咬合力是所有海洋动物中最大的,曾经有人将金属咬力器藏在鱼饵中,用来测定一条体长 2.4 米的鲨鱼的咬合力的大小,最终从测定结果得知,这条鲨鱼的咬合力每平方厘米高达 2.8 吨。因此,一些轮船的航海日记曾记载了轮船推进器被鲨鱼咬弯、船体被鲨鱼咬个破洞的事故。

Part 1 鲨鱼真实的样子

鲨鱼容易掉牙齿

鲨鱼的牙根非常短，牙冠的长度要比牙根长很多，而且鲨鱼的牙齿并不是直接固定在颌骨上，而是嵌在牙龈中。这种结构导致鲨鱼在撕咬食物时，牙齿非常容易脱落。鲨鱼的牙齿只是附着在软组织上，缺乏强有力的支撑，因此，鲨鱼无法像人类一样咀嚼食物，只能用牙齿把食物撕裂，然后直接吞进肚子里。

为鲨鱼"刷牙"的鱼

在海洋中有一种神奇的小鱼始终围绕在鲨鱼周围，它就是向导鱼。它的体长只有30厘米，主要食物就是鲨鱼或鳐鱼吃剩下的食物，它甚至还会进入鲨鱼的口中，吃鲨鱼牙缝中的碎屑。另外，它还是鲨鱼的"牙医"，帮助鲨鱼清除口腔寄生虫，遇到危险时，它还会躲到鲨鱼的嘴巴中避难。

奇闻逸事

英国谢菲尔德大学的科学家弗雷泽博士的研究团队发现，4.5亿年前，人类和鲨鱼有着共同的祖先，人类体内也有与鲨鱼相同的控制牙齿再生的基因，而这些基因存在于能形成牙齿的特化细胞内，不过，当人类的乳牙和恒牙开始生长之后，这部分基因就会消失或进入休眠状态，如果能够启动这些基因，人类的牙齿有望和鲨鱼的一样可以不断再生。

鲨鱼一生要换很多颗牙

鲨鱼幼崽出生时嘴巴里就已经长齐了一整套牙齿。小鲨鱼的牙齿和成年鲨鱼的牙齿一样，只是个头小一些。鲨鱼在生长过程中较大的牙齿还会不断取代小牙齿。因此，鲨鱼的一生中要更换数以万计的牙齿。科学家称，一条鲨鱼在10年内要换掉2万余颗牙齿。

鲨鱼牙齿再生的秘密

在鲨鱼牙齿生长的过程中，总共有400个基因在起作用，它们的牙齿就像一个输送带，当后面长出新的牙齿时，就会慢慢向前挤，最后把前面的牙齿替换掉，这一过程将伴随鲨鱼的一生。所以，它们总是肆无忌惮地使用自己的牙齿，从来不会为掉牙而烦恼。

有300颗牙齿的史前鲨鱼

一位澳大利亚渔民从深海捕获了一条罕见的怪鱼，它最显著的特征就是长着300多颗尖利的牙齿，它就是皱鳃鲨，是鲨鱼中最原始的一种，人们称其为"活化石"。虽然它的牙齿数量很多，而且锋利无比，可是并不能咀嚼，这些牙齿的作用只是为了抓住猎物，把它们牢牢"钉"在自己的嘴里。

Part 1 鲨鱼真实的样子

远古鲨鱼的秘密

人类从来没有停止过对鲨鱼探索的脚步，想要探知鲨鱼的前世今生，只能从发现的化石来了解它们，科学家在地球的各个地方都曾发现鲨鱼生活过的迹象。

"贝壳粉碎机"鲨鱼

据英国《探索频道》报道，古生物学家发现了一种0.887亿年前的远古鲨鱼新物种，他们将这种鲨鱼命名为"贝壳粉碎机"，它们长着1000多颗牙齿，能够咬碎较大的贝类。古生物学家基于当前发现的化石骨骼残骸，推测它们是一种体型庞大的物种，其体长可达到10米，颚部有1米多长，可以撕咬很多海洋生物。

灭绝鲨鱼的牙齿化石

2016年6月20日，日本北海道中川町生态博物馆中心宣布，他们在位于该町天盐川支流，距今8900万年前的中生代白垩纪时期的地层中发现了一种已灭绝鲨鱼的完整牙齿化石。在此之前，这种完整牙齿化石只在丹麦的白垩纪地层中发现1例。这是在环太平洋地区发现的第一例。该化石的长、宽各2～3厘米，厚度约为5毫米，其形状为"丁"字形，这在现如今的鲨鱼中极为少见。

巨齿鲨牙齿化石

在秘鲁，人们发现过很多大大小小的史前鲨鱼的牙齿，包括史前大白鲨的牙齿，其中最让人吃惊的是一种大型鲨鱼的牙齿，其大小远超大白鲨的牙齿，这极有可能是巨齿鲨的牙齿。巨齿鲨是已知最大的一种鲨鱼，它的牙齿高度为 10 厘米以上。2007 年，在秘鲁发现了一颗斜高达 20 厘米的大牙化石，科学家认定这颗牙齿化石是巨齿鲨的。

海洋霸主"巨齿鲨"

有科学家称，巨齿鲨也许是地球历史上已经发现的咬合力最强的生物，据推测，巨齿鲨的平均咬合力为 28 吨，最大咬合力可达 36 吨。其口腔撕咬力量超过了霸王龙，能轻松咬碎鲸的肋骨。它们主要生活在 1500 万～260 万年前，是那个年代的海洋顶级掠食者。它们被誉为史前十大海洋霸主之一。

奇闻逸事

1952 年，俄罗斯古生物学家亚历山大·卡尔宾斯基在乌拉尔山脉进行地质考察时，在石灰岩层中找到了一块非常奇特的化石，这块化石的形状犹如一根螺旋环绕着的锯条，卡尔宾斯基认为这根弯曲的"锯条"应该是某种古生物的牙齿。1907 年，在美国爱达荷州也发现了同样形状的化石，美国古生物学家奥利弗·佩里·海发挥自己的想象力，认为这种牙齿属于某一种史前鲨鱼。在之后的百年时间里，古生物学家相继在澳大利亚和中国等地发现了旋齿鲨的牙齿化石。

Part 1 鲨鱼真实的样子

疯狂的掠食者

鲨鱼是海洋中的顶级掠食者，但它们并不都是独来独往的，很多鲨鱼其实都是通过集体围剿的方式来捕食。某些种类的鲨鱼在捕食之前，似乎会约定战术。通过它们几种不同的围猎方式，我们可以看出鲨鱼作为猎手，除了拥有强大的身躯以外，头脑也是很聪明的。

海底猎手

一些活动能力不是很强的鲨鱼，如护士鲨等，它们喜欢慵懒地居于海底。护士鲨很了解那些身居海底的生物的习性，所以也清楚地知道怎样才能把这些猎物从它们的藏身之处揪出来。有的地方过于狭小，所以护士鲨会通过吸食的方式将猎物从藏身之处揪出来。帆鳍尖背角鲨也是海底的猎手，它们最喜欢的食物是蠕虫。海底猎手其实并没有想象中的那样毫无风险，当澳大利亚虎鲨在夜间出来觅食时，护士鲨也得当心自己可能会沦为虎鲨的食物。

潜伏

须鲨会通过守株待兔的方式来捕食。它们常年居于海底,体色经常会随着环境的改变而改变。须鲨头部四周布满了像流苏一样的毛茸茸的触须,它们就像摇曳的海藻一样吸引来来往往的乌贼、比目鱼等。须鲨就这样静静地通过伪装自己来捕食,当猎物发现上当时,已经来不及了。

围剿

短尾真鲨和锥齿鲨会通过团队协作的方式来进行捕猎,这种方式众所周知,就是将猎物驱赶成群。锥齿鲨会使用尾巴逼迫鱼群到水域较浅的位置。在移动的过程中,鱼群的密度也会越来越大,锥齿鲨只需要往鱼群里一冲,便能捕获到丰厚的食物。长尾鲨也是通过同样的方式来驱赶鱼群,紧接着,它们会借助尾鳍冲进鱼群,然后张开嘴,一口吞下那些早已被吓得六神无主的猎物。

Part 1 鲨鱼真实的样子

强有力的撕咬

　　鲨鱼作为海洋中最危险的掠食者，有着闪电一样的速度和强大的力量。不管是捕食小鱼还是大型的猎物，鲨鱼的颌部都有着其他鱼类无可比拟的优势。鲨鱼的颌部在其头部下方，可以自由伸缩。肌肉可以在它们捕食的瞬间将颌部向外推出，并张得巨大。它们那像刺刀一样锋利的牙齿，可以轻易地咬住或刺入猎物的身体。所以，对猎物来说，一旦遇到鲨鱼，它们活下来的概率很低。这种海洋中最疯狂的掠食者就像一个王者一样，几乎找不到对手。

撕咬前

　　鲨鱼的颌部是由它们软颅下面一些复杂交错的软骨所组成的，这些软骨由肌肉固定住，一旦开始奔向猎物并准备撕咬，这些被固定的软骨就会放松，然后其颌部张开，开始猎食。

颌部

鲨鱼的鼻子部位微微向上倾，上颌开始往外延伸，同时它们的下颌也逐渐向下张开，直至它们的血盆大口完全张开为止。

张开后

当鲨鱼的嘴全部张开之后，它们的上颌就会伸出来，同时锋利尖锐的牙齿也全部暴露，做好了捕食的准备。

海洋万花筒

每种生物的咬合力都大有不同，虽说人类的咬合力已经比较强了，而狗的咬合力比人的还要强一些。但是这两者的咬合力其实都无法与鳄鱼和鲨鱼的相比。在它们面前，人类和狗的咬合力简直是微不足道的。

海洋 Discovery 系列　关于鲨鱼的一切

Part 1 鲨鱼真实的样子

急速追捕

金枪鱼和旗鱼等大型鱼类的速度极快，想要捕食它们就必须拥有极快的速度，为了追捕它们，鲨鱼也要加足马力，奋力追逐。鲨鱼中速度最快的是鲭鲨，鲭鲨在全力冲刺的时候，其时速可以达到 75 千米。一般大型鲨鱼的体重都在 500 千克以上，而它们每个月所需要进食的猎物至少都要和它们的身体重量相当。由此，我们也不难看出那些大型鲨鱼为什么喜欢捕杀一些大型鱼类。

快速吞食

对鲨鱼而言，它们捕食的动机完全是因为饿。当它们的胃部已经空荡荡，开始感到饥饿的时候，鲨鱼就会花几小时甚至好几天来寻找猎物。这个时候的鲨鱼充满了警觉性，时刻做好了进攻的准备。当鲨鱼吃饱之后，捕猎行动随之也就会消失。尖吻鲭鲨这种速度极快的鲨鱼每个月要吃掉的食物，比自身的重量还要重，而相对慵懒、呆滞的铅灰真鲨在一两日之内，则只能吃掉一条像一个汉堡大的小鱼。一条大白鲨在一小时之内可以吞掉一只海豹，之后的一个月它们便不用再进食了。

各有千秋

尖吻鲭鲨和大青鲨瞬间就可以将猎物拿下；狡猾的大白鲨和牛鲨以及居氏鼬鲨则会选择悄悄地逼近猎物，然后猛地用它们的大嘴袭击猎物；硕大的鲸鲨可以一口气吞进去上千只小磷虾；而相对较为慵懒闲散的扁鲨和须鲨则喜欢躺在海底，守株待兔似的等待猎物们到来，或者埋伏在某处搞突然袭击；长尾鲨的武器是它们长长的尾巴，它们可以将自己的尾巴当成曲棍球杆一样，将周围的鱼拍晕，然后进食。

奇闻逸事

鲨鱼可以长时间不用进食。有的鲨鱼，如大白鲨，甚至可以一个月不吃任何东西。这段时间里，给它们的身体提供所需能量的是那些储存在肝脏里的油。

开动脑筋

哪种鲨鱼最能吃且不挑食，科学家们甚至能在它们的胃里找到鞋子、水桶、垃圾箱等东西？（　）

A. 大白鲨　　B. 鲸鲨
C. 虎鲨　　D. 居氏鼬鲨

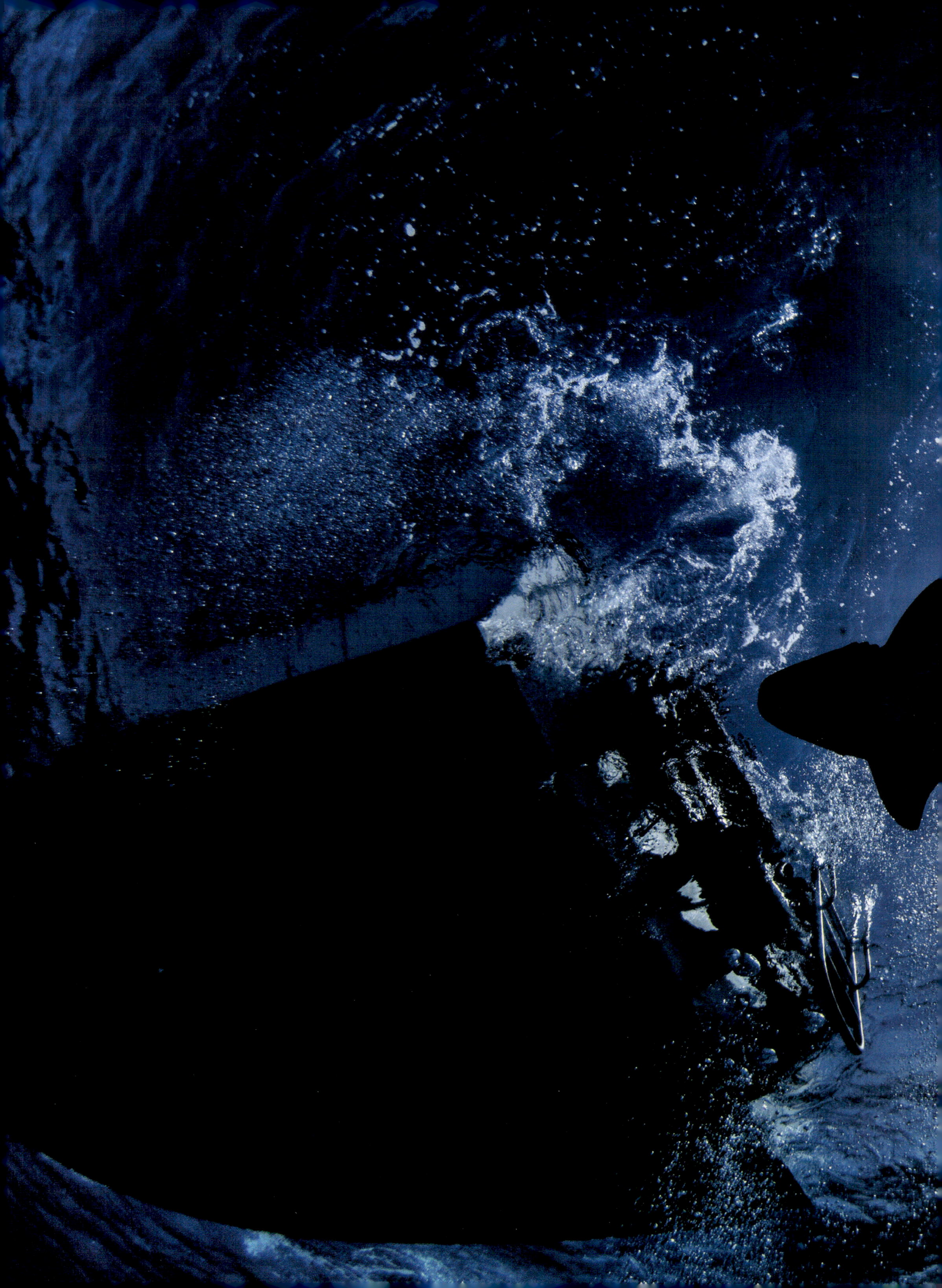

Part 2
生命的奇妙旅程

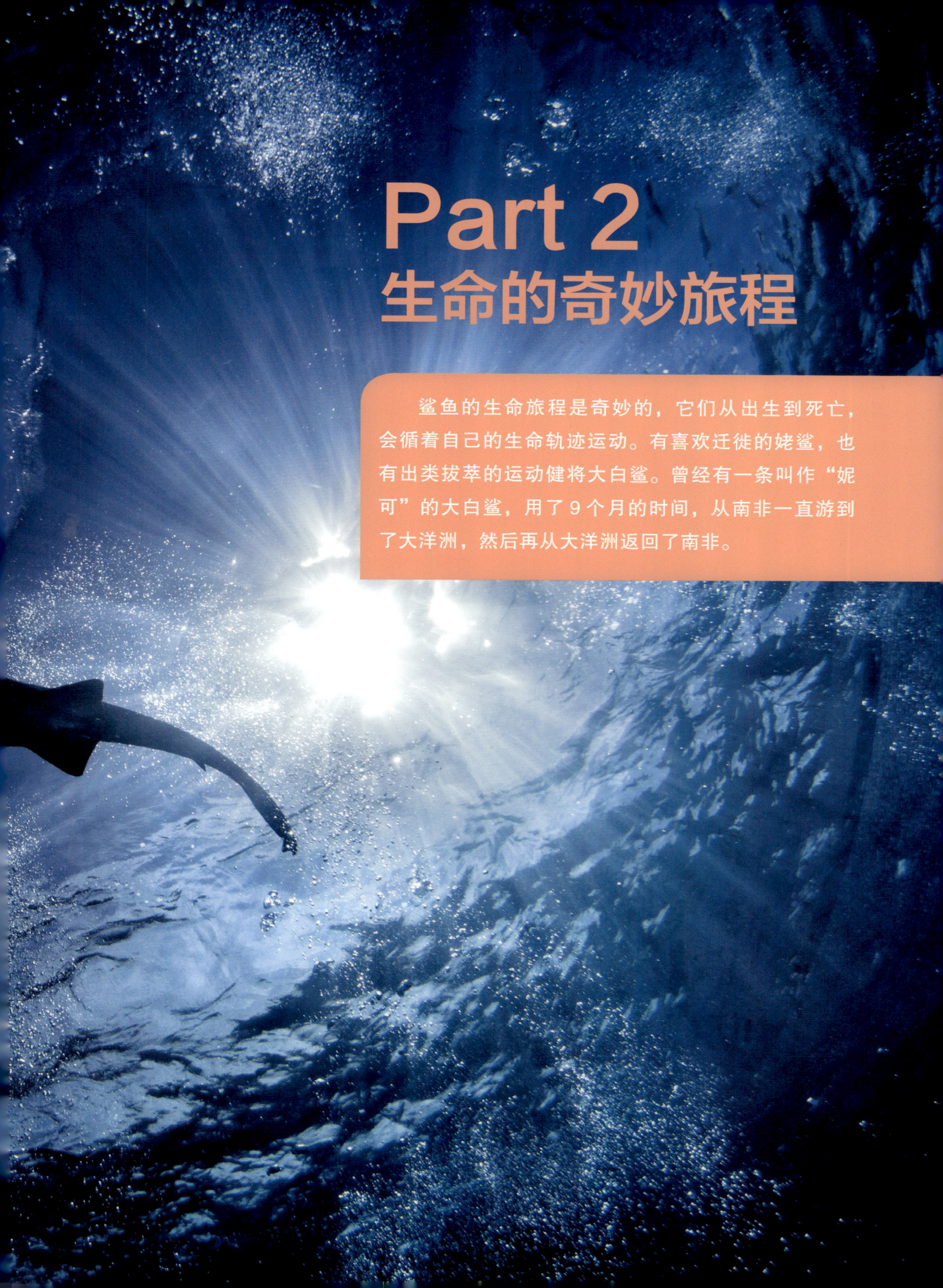

鲨鱼的生命旅程是奇妙的,它们从出生到死亡,会循着自己的生命轨迹运动。有喜欢迁徙的姥鲨,也有出类拔萃的运动健将大白鲨。曾经有一条叫作"妮可"的大白鲨,用了9个月的时间,从南非一直游到了大洋洲,然后再从大洋洲返回了南非。

Part 2 生命的奇妙旅程

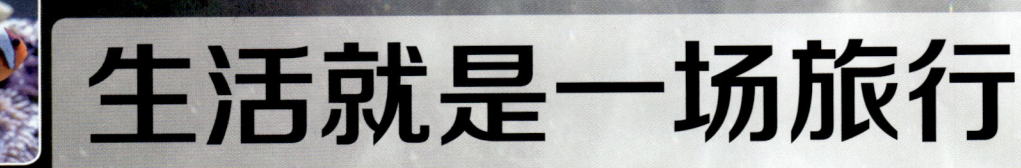

海洋 Discover 系列　关于鲨鱼的一切

生活就是一场旅行

有的鲨鱼就像是惊人的旅行家，它们沿着海岸或者在大洋中，像潜艇一样从一个地方游向另一个新的地方，几个月或者几年之后，这些鲨鱼再从原路返回；有的鲨鱼会游到很远的地方去寻找配偶，它们会在一年或者两年内才交配一次；还有的鲨鱼则会随着季节和海水温度的变化进行迁徙。对尖吻鲭鲨和其他一些鲨鱼来说，太高或太低的水温都不能让它们很好地适应，漫长的旅程是对它们生存能力的考验。

卫星追踪器的出现

不管是独自行动还是跟随鱼群，鲨鱼的迁徙距离都非常长，范围也非常广。以前，人们对鲨鱼的迁徙路线几乎没有多少认识。自从科学家们在鲨鱼身上安装了一种小型仪器，也就是我们所知道的卫星追踪器后，这种装置可以将鲨鱼的迁徙路线轻松地上传至卫星，卫星再将数据传到地面的仪器中，这样，人们就对鲨鱼的迁徙路线了如指掌了。科学家们通过这样的方式，向人们展示了鲨鱼长达8000多千米的迁徙路线。

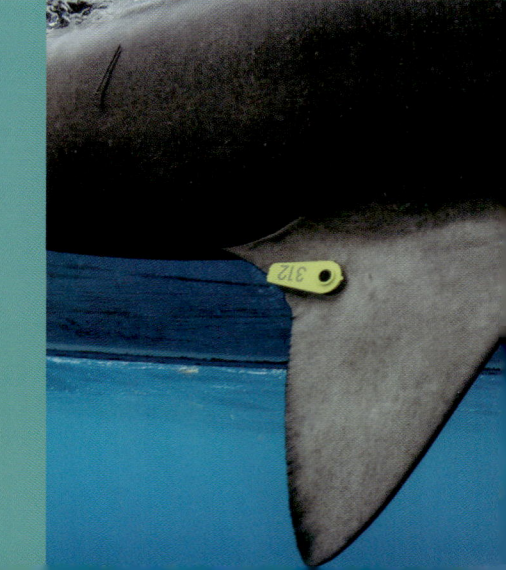

黑梢真鲨

黑梢真鲨的游速很快，它们以成群结队的方式迁徙。当秋天来临之后，黑梢真鲨开始沿着海岸一路向南出发；冬去春来之后，黑梢真鲨则开始再一次回到北方。雌性黑梢真鲨会游向沿岸的浅滩之处，因为在那里，新出生的幼鲨不仅可以找到充足的食物，还能避开那些猎杀者的威胁。

铅灰真鲨

雌性铅灰真鲨在幼崽快要出生的时候会迁徙到距离较远的地方。雌性铅灰真鲨之所以会如此做，其实是为了躲避雄性铅灰真鲨，因为雄性铅灰真鲨会吃掉刚出生的铅灰真鲨幼崽。当铅灰真鲨幼崽出生以后，它们会依次排成一个"Z"字形，曲折地向前游动，并在它们出生的区域附近捕食。铅灰真鲨幼崽一天可以游 30 千米左右。

海洋 Discover 系列　关于鲨鱼的一切

Part 2 生命的奇妙旅程

姥鲨

夏季的姥鲨会慵懒自在地待在比较靠近海岸的表层，它们通过滤食海水里的浮游生物来生活。到了冬天，这些地方的浮游生物变得越来越少，姥鲨同样也会随之不见了。人们以前以为姥鲨之所以不见了，是因为它们像北极熊一样去冬眠了，可自从在姥鲨身上安装了卫星追踪器之后，人们才发现，原来姥鲨是迁徙到了南方的水域，因为那里的浮游生物此时很丰富。

大青鲨

大青鲨主要捕食鱿鱼和小鱼，它们的一生大部分时间都是在迁徙的途中。大青鲨的迁徙路线和其他鲨鱼有所不同，它们会由西向东顺时针绕一个很大的圈，然后返回原点。渔民在打捞的时候，经常会打捞到成群的大青鲨。

奇闻逸事

随着科学的进步与发展，人们如今可以在某些网站上实时观察到那些被标记过的鲨鱼当下所在的位置，以及它们所游过的路径。

尖吻鲭鲨

　　尖吻鲭鲨不像其他鲨鱼一样成群结队地出发，它们总是独自迁徙，看起来很孤独。通过科学家在尖吻鲭鲨身上安装的卫星追踪器来看，它们整个夏天都在美国东部海岸线活动，天气一旦转凉，这些尖吻鲭鲨就会一路迁徙到南美洲和非洲。

追踪大白鲨

　　研究人员先用诱饵将大白鲨引诱过来，然后将其麻醉。紧接着，研究人员将其拖到漂浮的平台上，将卫星追踪器安装在它身上。这些追踪器会将大白鲨所在的位置以及下潜深度等各种信息准确地传送回来，这些追踪器体积很小，完全不会影响到大白鲨的游动。

开动脑筋

以下哪种鲨鱼总是独自迁徙呢？（　　）
A. 大白鲨
B. 尖吻鲭鲨
C. 双髻鲨
D. 白真鲨

参考答案：B

目标明确的大白鲨

以前，人们一直以为大白鲨总在固定的区域里活动。比如，有的常年栖息于南非周围的海域，有的栖息于大洋洲一带的海域，有的则固定栖息在其他区域。如今，有了卫星追踪器，科学家终于了解到大白鲨其实一直都在不停地迁徙，而且这种迁徙是大范围的。

大白鲨"妮可"

有一条大白鲨叫作妮可，它是以澳大利亚著名女演员妮可·基德曼的名字来命名的，它可谓鲨鱼中出类拔萃的运动健将。通过追踪信号来看，这条大白鲨用了9个月的时间，从南非一直游到了大洋洲，然后再从大洋洲返回了南非，这一趟旅程长达2万千米。至于其他的大白鲨，通过比对和研究发现，它们都不是漫无目的地遨游，而是有固定的路线。在大白鲨迁徙的过程中，它们会利用洋流以及食物的来源，找到一条正确且固定的路线出发。它们往往在这条路线上高速前进，因为它们的目标和方向都是很明确的。

大白鲨咖啡馆

在鲨鱼迁徙的路线上分布着一些休息站，其中之一就位于夏威夷群岛与北美洲之间的海域。迁徙的大白鲨们聚集于此，这里就像人们在旅途中的歇脚地一样，可以休息，还可以互相认识。研究人员把这一片区域称作"大白鲨咖啡馆"。研究人员推测，这里可能就是大白鲨用来寻找伴侣的聚集地，也有可能是一些怀孕的大白鲨生产鲨鱼宝宝的地方。由此可见，大白鲨并不是独来独往，相反，它们很喜欢相聚的热闹氛围。

海洋万花筒

玛丽·李是一条雌性大白鲨，重约1.6吨，体长4.9米。它于2012年9月17日被研究人员安装上了卫星追踪器，自此之后，它的行踪完全暴露在研究人员的眼皮底下。有时候，玛丽·李会在海岸的附近活动，有时候又勇敢地向大海深处游去。它的游动方向始终是确定的，所以我们知道，玛丽·李对自己所要前行的方向是清楚的。

海洋 Discover 系列　关于鲨鱼的一切

Part 2 生命的奇妙旅程

繁殖下一代

对鲨鱼来说，繁殖也算是一项巨大的挑战，因为在它们几十年的生命里，只有经过 10～20 年的生长才能进行交配。为了培育出更强壮且体型较大的后代，大多数的鲨鱼都有两个子宫。

生殖方式

鲨鱼和许多动物一样，也是有性繁殖。不同种类的雄性鲨鱼和雌性鲨鱼在交配前，所进行的程序也各有不同。鲨鱼交配成功后，雌性鲨鱼体内的受精卵会因鲨鱼的种类不同进行不同形式的发育。硬骨鱼大多数会将成千上万枚卵排入水中，其中的大多数都会在卵和小鱼的阶段被吃掉，极少数能顺利成长为小鱼。鲨鱼属于软骨鱼，为了保护幼崽，鲨鱼采用了不同的策略来生产。一般来说，鲨鱼共有卵生、卵胎生、胎生 3 种不同的生产方式。

卵生

卵生鲨鱼所产的卵可以附着在海藻或岩石上，以此来抵抗捕食者。大型鲨鱼一般都采用这种方式生产，它们的卵很大，大多数呈宽广的矩形。排出的卵包裹在扁平的垫形鞘内，而垫形鞘则是卵在通过输卵管时加上去的，鞘的外壳浸入水中会变硬，且每个角都有一个中空的角状物，海水由此进入，从而使卵获得氧气。

猫鲨

猫鲨或一些须鲨等属于卵生，它们类似于鸟类或者爬行类动物，会将已经受精的并且包裹着外壳的卵排出体外，让其自行生长。猫鲨像鸡一样会下蛋，只不过猫鲨的卵看起来一点也不像鸡蛋，而是像一个袋子。人们有时候会在沙滩上捡到这种卵。以前人们以为这个袋子可能是美人鱼的包，所以这些鲨鱼卵又被人们称为"美人鱼的皮包"。

佛氏虎鲨

佛氏虎鲨俗称角鲨，它的卵在所有鲨鱼卵中有着最独特的形状。这种鲨鱼卵是螺旋状的，它们多半会将卵放进岩石的缝隙中，然后牢牢地固定在里面，让卵自行成长为一条小佛氏虎鲨。

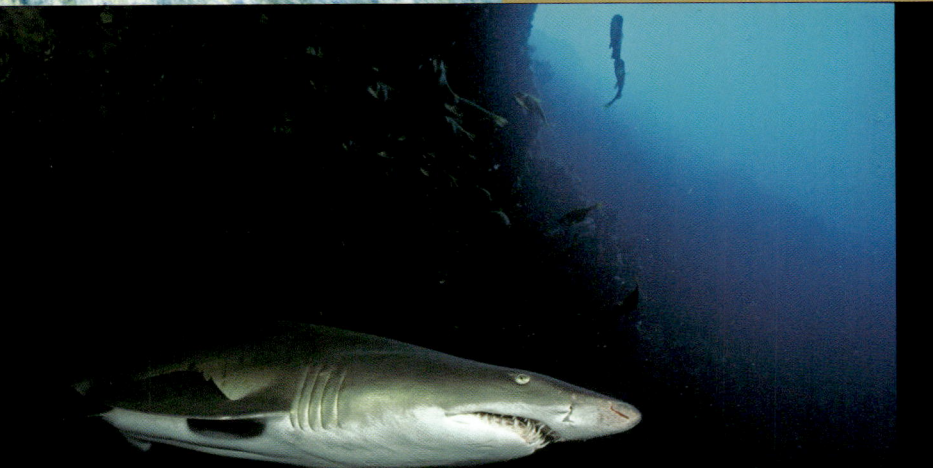

🔬 海洋万花筒

鲨鱼从受精到分娩的时间一般为1～2年，不同种类的母鲨所产下的幼鲨为2～100条不等。

佛氏虎鲨的怀孕期为8个月，一般有两枚螺旋状的卵；白斑角鲨的怀孕期为24个月，它们平均会产下7条幼鲨；柠檬鲨的怀孕期为11个月，它们一般会产下10条左右的幼鲨。鼬鲨的怀孕期为15个月，它们会产下50条左右的幼鲨。

Part 2 生命的奇妙旅程

海洋 Discover 系列　关于鲨鱼的一切

卵胎生

卵胎生是介于卵生和胎生之间的一种方式。这一类鲨鱼将胚胎养在体内，换言之，幼鲨会在卵膜内先成长，之后再钻出卵膜继续成长。等到可以出生的时候，鲨鱼妈妈就用胎生的方式将它们产下来。受精卵在子宫中发育的时候，通过卵黄囊或者卵巢排入子宫的卵作为营养来源。

柠檬鲨

柠檬鲨的胎盘是通过子宫里的卵黄囊而来的。这个卵黄囊和母体的血液系统相连,幼鲨就是通过这里获取营养。柠檬鲨的幼崽出生的时候尾巴先出来,刚出生的幼鲨就像人类一样,脐带连着母体,不久之后,脐带便会自行断开。

鼬鲨

卵胎生的繁殖方式难免会夭折一大批幼鲨,因为就像鼬鲨每次都会怀几百个卵胎,但真正生产出的幼崽数量只剩下50条左右。这些幼崽出生时的体长约为50厘米。

奇闻逸事

有一种叫作刺狗鲨的鲨鱼属于卵胎生。当它们从卵中孵化出来时,依然生活在母体内。这时的它们为了得到食物,会将同样在鲨鱼体内的其他相对弱小的兄弟姐妹吃掉。

Part 2 生命的奇妙旅程

胎生鲨鱼的发育过程

一条鲨鱼的生命是从雄性鲨鱼的精子让雌性鲨鱼的卵子受精之后开始的。慢慢地，其组织和一些器官开始有了最初的功能。长吻角鲨幼鲨在母体中一般经过 2 年的成长，然后才出生。之后，幼鲨需要通过 10～15 年或更长的时间来发育，并繁殖下一代。

受精卵

长吻角鲨的卵在受精之后，其大部分是卵黄，剩下的一个是细胞盘，叫作胎盘。长吻角鲨幼鲨就是在胎盘里生长的。

脊柱

胎盘中开始发生变化，胎盘会形成一个褶皱，而这个褶皱也就是鲨鱼的软骨脊柱。之后在很短时间内，其余的细胞也会开始形成肌肉和其他器官等。

海洋万花筒

除了上述 3 种主要的繁殖方式以外，还有一种比较罕见的无性繁殖方式。在只有雌性鲨鱼的时候，有些雌性鲨鱼就会进行无性繁殖，至于其中的原因，现在科学家还在进行相关的研究。

大脑

随着大多数器官形成，胚胎也在不断地长大。之前已经发育的脊柱的一端，开始慢慢形成软颅，软颅内的胚胎开始形成微小的脑。

卵黄

这个时期，胚胎已经逐渐成为鱼类大致的样子，胚胎和卵黄囊通过一个茎状的东西相连，里面的血管从卵黄囊内将营养传送到胚胎里。

成形

经过几个月的发育，这时的胚胎已经完全有了鲨鱼的样子，只不过是一个微缩的版本。当胚胎里的幼鲨开始吸取卵黄囊内的营养时，卵黄囊也会随之一点点变小。

新生

当卵黄囊从有到无，就标志着幼鲨已经成熟，可以出生了。刚出生的长吻角鲨体长就有 30 厘米左右，这时的幼鲨已经具备了追食小虾的能力。

双髻鲨

双髻鲨通过胎生的方式来繁衍后代。幼鲨会在双髻鲨的体内成长，它们所需的营养通过母体所连接的脐带获得。一般窄头双髻鲨通常可以产几条幼鲨，而路氏双髻鲨则可以产出至少 30 条幼鲨。当双髻鲨产下幼鲨之后，便会将它们置之不理，让它们从出生之时就开始自力更生。

海洋 Discover 系列　关于鲨鱼的一切

Part 2 生命的奇妙旅程

鲨鱼的食物

鲨鱼在海中漫游时，一刻不停歇地去寻找食物。其中最主要的原因是它们自身的体型，因为身体过大，所以它们所需的食物要和它们的身体始终保持一种平衡。不然，鲨鱼就会始终徘徊在饥饿的边缘。有的鲨鱼是滤食性的，它们通过自己庞大的身躯将海水吞入，然后过滤掉其中的水，留下那些可以被食用的小鱼、小虾，以及浮游生物等。有的鲨鱼则凭借它们自身的力量以及速度，捕猎鱼类、海豹甚至海面上的鸟类。

睡鲨

睡鲨是唯一能够长期生活在南、北极的鲨鱼，像其他大型冷血动物一样，睡鲨也十分懒惰。大部分的睡鲨都是通过偷袭来捕食。睡鲨既捕食活的动物，也觅食死尸。科学家们在睡鲨的胃里发现了各种不同的猎物，有14米长的大王酸浆鱿，以及北极熊、马、驯鹿的残块等。

须鲨

须鲨善于伪装和偷袭。它们常年栖息于海底，主要生活在珊瑚礁附近的水域中，属于狡猾型的猎手。须鲨的尾巴很短，两个小背鳍位于身体靠后的位置，这种特征是生活在海底的鲨鱼所具有的。须鲨的身上长满了斑纹，它们通过斑纹和周围的环境融为一体，很难被发现。须鲨主要捕食栖息于海底的鱼类、章鱼、龙虾和蟹。

巴西达摩鲨

巴西达摩鲨的性情比较贪婪，它们擅长偷咬一口，然后转身离去的游击战术。这种鲨鱼体长不到60厘米，有时候会吞掉整只鱿鱼或者章鱼。然而，这种鲨鱼最擅长的是用它们那锋利的牙齿从海豚、海豹或其他大型生物的身上咬下饼干大小的肉块。

居氏鼬鲨

居氏鼬鲨是掠食者中的能手，它们就像是一只清道夫。研究人员通过捕捉居氏鼬鲨，从它们的胃里发现了大量稀奇古怪的食物。它们可以吃进任何能够吞下去的东西，包括鞋子、游轮带来的垃圾、水桶、垃圾箱、沥青纸，甚至是盔甲。居氏鼬鲨的日常食谱中还有水母、海龟和海豚等。

双髻鲨

双髻鲨很好辨认，它们有着奇异的锤头状的头部。眼睛位于锤头状头部的两端，鼻孔位于前端。头上还有一套电感受器，可以帮助它们跟踪猎物。双髻鲨的主要食物是鱼、乌贼、章鱼和甲壳动物等。

食人鲨

大部分鲨鱼虽说在海洋食物链中有很高的地位，但是作为掠食者的它们对人类并没有多大的危害。但还是有个别种类对人类的生命安全有极大的隐患。当人们在海边或者海上游玩时，很有可能会被一些鲨鱼攻击。

大白鲨

大白鲨可以算是海洋中的统治者。它们巨大的嘴里长满了三角形的尖牙，就像它们的祖先巨齿鲨一样令人生畏。大白鲨依靠它们敏锐的感官，悄无声息地靠近猎物，然后利用闪电般的速度，以及惊人的爆发力给猎物致命一击。年幼的大白鲨捕食鱼类以及其他鲨鱼，随着一点点长大，它们开始捕食海象、海狮、海豚以及体型较小的鲸。任何看起来像猎物的东西，包括人类，都有可能成为大白鲨的"盘中餐"。

牛鲨

很多专家都认为牛鲨是最危险的一种鲨鱼,它们和大白鲨、居氏鼬鲨一样,有着极强的攻击性。牛鲨经常捕食一些体型较大的食物。如果人类出于自卫,用力去捶打水面,大多数鲨鱼会放弃攻击。但是牛鲨却不会,它们会不断发起攻击,毫不气馁。如果猎物一旦被牛鲨咬住,即便有人前来援救并攻击它们,它们也不会松口。

开动脑筋

除了大白鲨、牛鲨以外,以下哪种鲨鱼也会把人类当成它们的猎物?(　　)

A. 豹纹鲨　　B. 虎鲨
C. 长尾鲨　　D. 姥鲨

海洋万花筒

牛鲨经常活动在靠近海岸的地方,它们喜欢攻击人类,经常埋伏在热带的浅水地带,甚至在房屋旁狭窄的沟渠中也可能看见它们的身影。孤身一人的冲浪者、潜水者以及游泳的人都有可能成为牛鲨的猎物。

参考答案:B

海洋 Discover 系列　关于鲨鱼的一切

Part 2 生命的奇妙旅程

鲨鱼的那些依附者

　　鲨鱼从来都不是孤独地穿梭于大海中，除了其他鲨鱼同伴以外，其他生物对鲨鱼也有极大的兴趣。这些动物除了寄生物以外，还有一些是鲨鱼的"跟班"，它们会与鲨鱼和平共处，与鲨鱼一起分享食物。这就是生物学家所说的"共生"。

黄鹂无齿鲹

　　黄鹂无齿鲹又叫向导鱼、虎斑瓜，它们的下颌和锄骨都没有牙齿，舌头表面极为粗糙，身体是黄色的。黄鹂无齿鲹的身体两侧有9～11条宽窄不一的黑色横带。它们的体长最大可以达到110厘米。它们主要栖息于珊瑚礁区，不过有时候也会进入岩石海岸以及港口防波堤内。这种鱼以小型无脊椎动物为食。

舟䲠

舟䲠又称导航鱼、黑带鲹，成年的舟䲠体长为60～70厘米，外形黑白相间。从它们的鳃部开始，一共有5～7道与身体方向垂直的黑色条纹，这些条纹可以随着它们兴奋的状态而出现短暂变化。舟䲠之所以为人所知，主要就是因为它们与海洋生物共生。舟䲠在幼鱼的时候，常会与水母、海藻共生，并随之漂流；成鱼后则常常与鲨鱼、海龟等共游，有时也会跟随船只活动。

导航鱼与鲨鱼

"导航鱼"的名称其实是一种误解，因为从字面意思去看，人们会以为它们带领鲨鱼穿越广袤的海洋。但事实却恰好相反。鲨鱼们想要去哪里，其实它们自己已经有了明确的目标，根本不会理睬这些小跟班。导航鱼只不过是想利用宿主们所制造出来的船首波与湍流区。不过，从另一个角度来说，这些导航鱼的存在对鲨鱼也是有好处的，尤其是当它们距离"珊瑚礁清洁站"很远的时候，这些小跟班就会起到清洁工的作用。

海洋 Discover 系列　关于鲨鱼的一切

Part 2 生命的奇妙旅程

䲟鱼与鲨鱼

　　䲟鱼又叫长印鱼、粘船鱼、印头鱼、吸盘鱼。这种鱼从来不需要自己游很长距离，它们只需要将自己的身体，通过吸盘依附在鲨鱼、翻车鱼、海龟甚至小船上即可。

　　䲟鱼会直接吸附在鲨鱼、翻车鱼，甚至海龟的身上，如此一来，它们便可以毫不费力地游泳。这些䲟鱼会将宿主身上的寄生物吃掉，通过清洁的功能来回馈它们的宿主。更准确地说，䲟鱼既可以免费饱餐一顿，并且还能免受其他掠食者的侵袭，鲨鱼也获得了清洁服务，可谓双赢。

开动脑筋

䲟鱼不仅能吸附在鲨鱼身上，它们还会吸附在下面哪种生物身上？（　　）
A. 蝠鲼　　　　B. 鳗鱼
C. 海狮　　　　D. 海马

奇闻逸事

研究人员利用鲫鱼的吸盘原理，并使用 3D 打印技术，研制出了像鲫鱼一样的仿生机器人。这种仿生机器人可以运用到许多领域：一方面，这种仿生机器人可以运用到海洋科研计划中，通过鲫鱼和其吸盘的吸附原理，用作海洋大型生物的追踪器，关注这些大型生物。另一方面，这种仿生机器人有高效的推进性能、良好的隐身功能，而且可操作性强，可以在海洋生态检测、海洋环境研究、海洋资源探测及开发等方面发挥作用。此外，这种仿生机器人还可以用来做水下救援等。

海洋万花筒

鲨鱼与这些小跟班并非一直是共生的，当鲨鱼提高游速的时候，水的阻力自然会因此增加，所以这些小跟班也会随之掉落或者跟丢。有的时候，当鲨鱼跃出水面，这些小跟班们就会被抖落掉。当鲨鱼再一次进入水中的时候，便顺势甩掉了这些小跟班。

桡足类生物

鲨鱼经常会遭受到一些桡足类或等足类生物的侵袭和纠缠。深海中的桡足类生物总是觊觎猎食的鲨鱼，它们利用自己身上所发出的光，将鲨鱼吸引过来，随即，它们开始寄生在鲨鱼的眼角膜上面，而且寄生的并不是只有一只，而是很多只。这种行为会损害鲨鱼的角膜，甚至会导致鲨鱼失明。不过，好在失明的鲨鱼可以通过其他能替代的感官来应对这样的处境。

奇闻逸事

通过电子显微镜可以看见位于鲨鱼鳃部中的微小寄生物，它们会利用钩状的肢节末端牢牢地钩住鲨鱼，让鲨鱼过得并不是那么舒心。

金豆

  大海中的寄生物随处可见。一些寄生虫喜欢寄生在鱼类的体内，有一些则寄生在鱼类的口中，如金豆。金豆一点也不害怕鲸鲨的血盆大口，反而很喜欢住在鲸鲨的嘴里。这种生物像虾一样，是一种钩虾亚目生物。金豆是一种甲壳动物，它之所以会居住在鲸鲨的口中，是因为鲸鲨在吸进海水的同时，可以为金豆提供充足的氧气。最重要的是，鲸鲨无时无刻不在进食，所以，金豆生活在一个完全不用担心食物的环境里，可谓一个理想的居住地。除了金豆这类寄生物之外，海洋中还有着各色各样的寄生物，比较可怕的则是一种名为食舌虫的寄生虫，它们不仅会抢夺寄主的食物，最终还会吃掉寄主的舌头并取而代之。

开动脑筋

除了鲨鱼和鮈鱼之类的共生关系之外，以下哪种关系也属于类似的共生关系？（　　）

A. 海葵和小丑鱼　　B. 豹子和狮子
C. 人类和狗　　　　D. 大象和饲养员

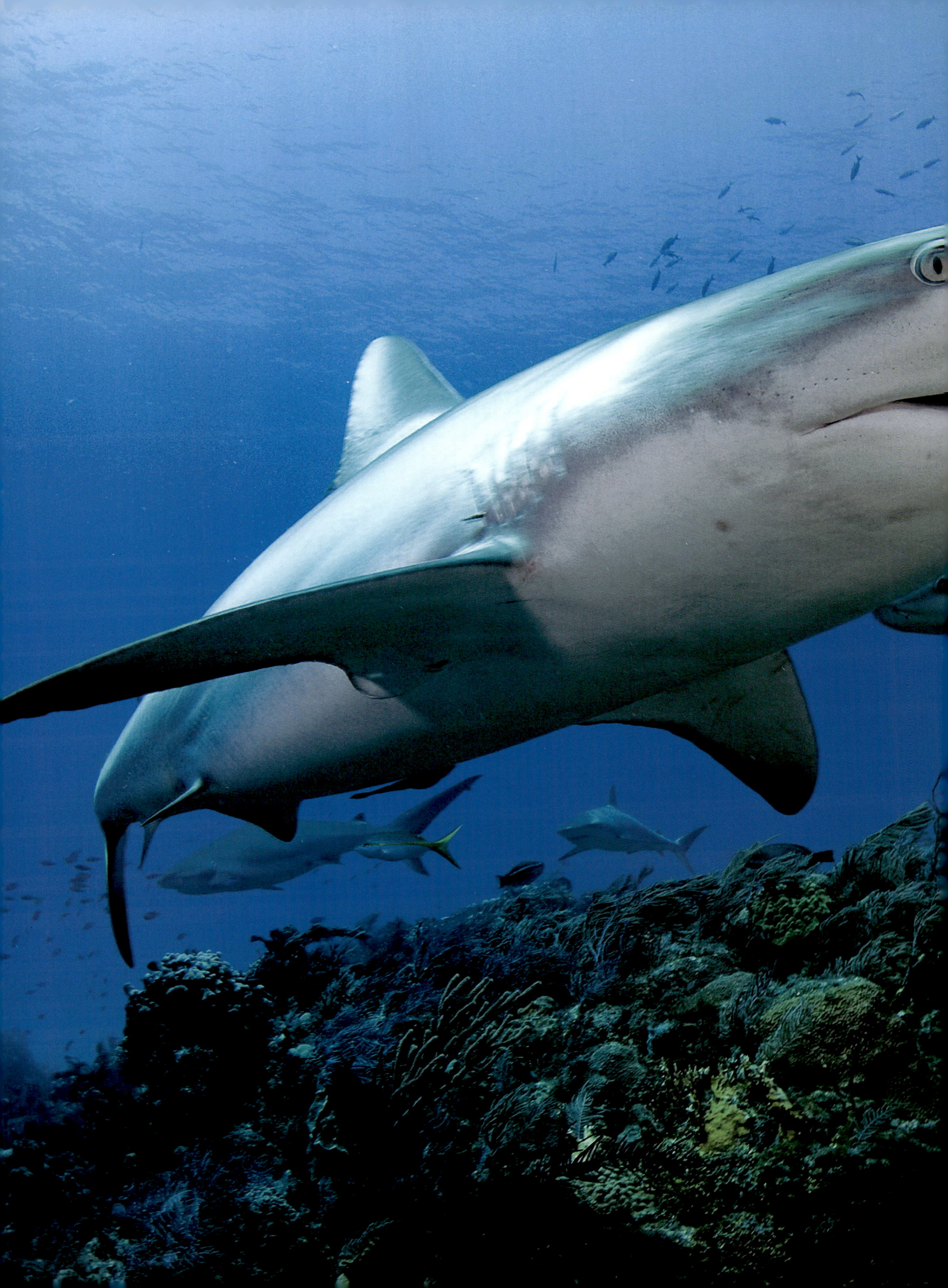

Part 3
来自生活的考验

海洋中的不同环境也在考验着鲨鱼的生活能力，灰礁鲨喜欢白天聚集在一起，成群结队地在海洋里觅食。三齿鲨却喜欢在夜晚从栖息地出来，捕食一些底栖动物，如龙虾、螃蟹等。在海底黑暗的环境中，雪茄达摩鲨可以依靠巨大的眼睛去捕食章鱼、乌贼和鱿鱼等软体动物。

Part 3 来自生活的考验

珊瑚礁上的生活

在海洋生态系统中,各个领域都有鲨鱼的存在,而在较浅的珊瑚群附近,比较活跃的是小型和部分中型鲨鱼,它们作为海洋中的顶级掠食者,是海洋生态系统的重要组成部分。那么,珊瑚礁附近都生活着哪些鲨鱼呢?

灰礁鲨

灰礁鲨又称黑印白眼鲛、黑尾真鲨。这种鲨鱼主要分布于红海、印度洋和太平洋的中西部。它们主要栖息于礁石的表层和断层之间,偶尔还会在偏远的珊瑚礁发现它们的踪影。它们栖息的深度为20～70米。

生活习性

灰礁鲨是太平洋海域中最常见的一种鲨鱼。它们的领地意识十分强烈。雌性灰礁鲨喜欢群居的生活,一旦发现潜在的危险,它们就会在发起攻击之前拱起背部,然后在自己的领地里十分不安地游动着。

捕猎对象

灰礁鲨通常白天聚集在一起，人们经常在夏威夷群岛附近发现灰礁鲨群。它们属于肉食性鲨鱼，主要以鱼类和无脊椎动物为食。灰礁鲨还会以少量的头足类（乌贼和章鱼）以及甲壳类（虾和龙虾）为食，这些构成了灰礁鲨的主要食物来源。另外，海豚和同类幼鲨有时也会成为它们的食物。灰礁鲨在夜间的活动能力较强，夜间是它们觅食的高峰期。

行为特点

作为群居性的鱼类，灰礁鲨通常白天群居休息，到了晚上就开始异常活跃。虽然灰礁鲨每小时的平均游速只有 0.5 千米，看起来比较缓慢，其实灰礁鲨的感觉神经极其敏锐。它们总在不断地感知周围的环境，一旦有猎物靠近，它们就会加快游动的速度，迅速出击并将猎物一举拿下。除此之外，灰礁鲨还能感知到那些垂死挣扎的猎物，这使灰礁鲨更加具有攻击性。

形态特点

灰礁鲨的体型比较壮硕，属于中型鲨鱼。它们的吻较长，吻端则宽圆。眼睛比较大，上颌齿比较短并且具锯齿缘。胸鳍相对比较窄。有两个背鳍，一个比较大，处于身子的中部，较小的一个背鳍接近于尾鳍。灰礁鲨的身子呈灰色，腹部则呈白色。灰礁鲨的最大体长约为 2.6 米，体重约为 33.7 千克。

繁殖后代

灰礁鲨属于卵胎生物种。它们的性成熟期一般在 7～7.5 岁。胚胎孕育期为 12 个月，雌鲨一次生育能产下 1～6 条幼鲨，新生的幼鲨体长 45～60 厘米。幼鲨自出生起，它们的父母就会离它们而去，幼鲨自小就开始独自觅食并且自我保护。

Part 3 来自生活的考验

海洋 Discover 系列　关于鲨鱼的一切

三齿鲨

三齿鲨又称为白顶礁鲨、白头礁鲨。这种鲨鱼主要分布在印度洋以及太平洋的珊瑚区海域。三齿鲨的体形修长，头宽且扁，吻宽但极短。三齿鲨栖息于沿岸水域、面海礁区或潟湖区。白天成群栖息于珊瑚礁洞穴中或礁台边缘，晚上活动能力强。它们迁徙的范围不大，一年内在 3000 米范围内活动，属于定栖性鱼种。它们主要以底栖动物为食，包括鱼类、章鱼、龙虾或螃蟹。

海洋万花筒

三齿鲨可以在同一个地方连续居住好几个月甚至好几年，并且不会与周围的其他鲨鱼发生冲突。这种鲨鱼是一种典型的群居性鲨鱼，有着共同的、非地域性的生活方式。三齿鲨和大多数鲨鱼不同，它们是为数不多的不需要通过游动来呼吸的鲨鱼，它们大多数时间趴在海底，嘴一张一合地呼吸。它们对人类很少会表现出侵略性。

疣背须鲨

疣背须鲨体长仅有 0.92 米，只生活在东印度洋的澳大利亚海域。它们通常生活在岩石与珊瑚礁区域，其生物特性尚不明确，只知道是一种卵胎生鲨鱼。有科学家推测，疣背须鲨也许能长到 2～3 米长，但目前尚未得到证实。

奇闻逸事

须鲨没有吃人的记录，假如它们不受到挑衅的话，不会对人造成威胁。

潜水的人假如对它们进行挑衅、抓它们或将它们的逃路切断就会被咬。须鲨非常灵活，它们可以轻而易举地咬住伸过来的手。

须鲨有许多小的、尖的牙齿，可以咬伤人，即使穿潜水服也有可能受重伤。须鲨咬住东西后不肯松口，很难摆脱它们。为了避免被咬伤，在潜水时不要挑衅或围绕须鲨，注意海底，当心踩到没有看见的须鲨。

斑点须鲨

斑点须鲨又称斑纹须鲨，体长可达 3.2 米，是须鲨科中体型最大的一种，主要分布于东印度洋的澳大利亚南部海域。它们通常生活在珊瑚礁与岩礁上，或者在码头下的海砂层中。斑点须鲨是夜行性鲨鱼，主要以底栖无脊椎动物与硬骨鱼类为食。有时在退潮时，人们能够见到它们的背鳍裸露在水面的情景。斑点须鲨的脾气比较暴躁，在当地海岸游玩时一定要小心，防止被咬。

开动脑筋

斑点须鲨可以通过弯曲身体同时摆动其骨盆和胸鳍来实现（　　）？

A. 爬行　　　　　B. 快速游动　　　　　C. 飞行

Part 3 来自生活的考验

海洋 Discover 系列　关于鲨鱼的一切

日本须鲨

日本须鲨的体长 1 米左右，主要分布于西太平洋的日本、韩国、越南以及菲律宾海域，在我国海域也有分布。这种须鲨喜欢在夜间行动，经常在岩石和珊瑚礁上伏击小鱼和底栖无脊椎动物。日本须鲨为卵胎生鲨鱼，一胎可产下 20 条幼鱼。与大部分同类一样，日本须鲨具有一定的攻击性，这与它们伏击捕猎的习性和人类的捕捉密不可分。日本须鲨被捉到后通常被养在水族馆中。

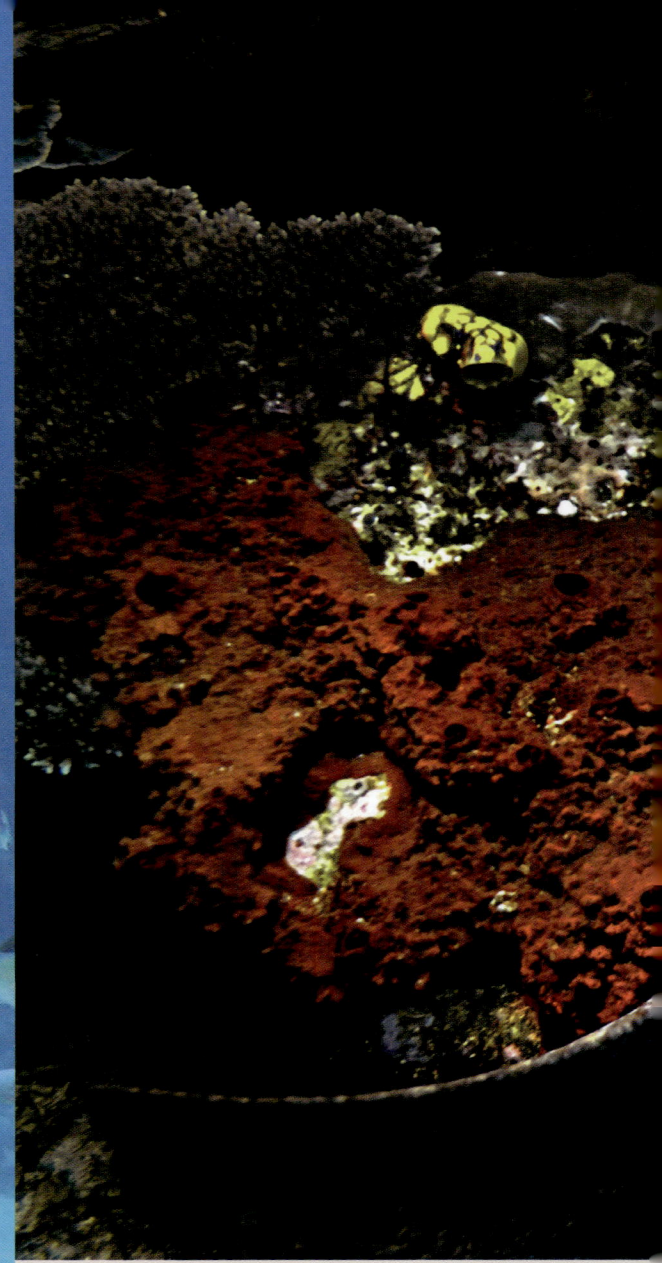

奇闻逸事

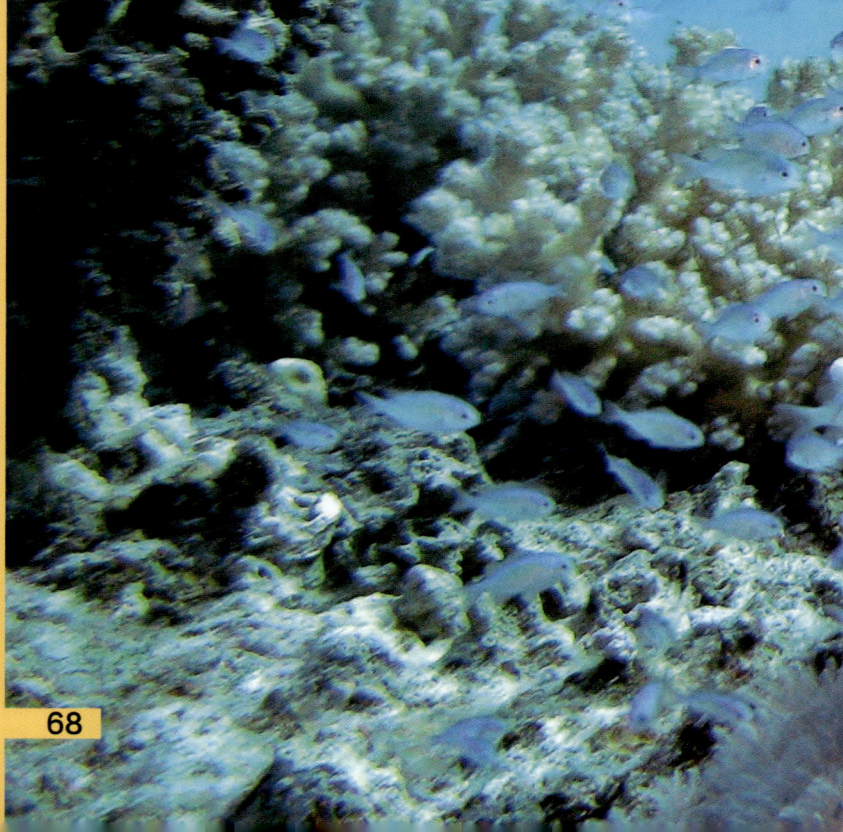

科学家们曾在全球 58 个国家的 371 座珊瑚礁进行调查，结果发现其中 20% 的珊瑚礁的周围已经没有了鲨鱼的踪迹。通过观察 1.5 万多张拍摄的照片发现，钝吻真鲨、乌翅真鲨这些常年生活在珊瑚礁附近的鲨鱼已经消失了。其中，最大的原因就是人们的过度捕捞和一些误伤行为，使鲨鱼们逃离了这些地方。

饰斑须鲨

饰斑须鲨又称为妆饰须鲨,体长3米左右,属于须鲨科中体型第二大的物种。它们主要栖息于西太平洋的印度尼西亚、巴布亚新几内亚,以及澳大利亚附近海域。这种常见的底栖鲨鱼通常喜欢在水深0～100米的岩石与珊瑚礁上生活,具有夜行性,卵胎生。关于饰斑须鲨的食性并没有太多的记录,但是科学家推断,它们应该与其他同类一样,主要以无脊椎动物和鱼类为食。饰斑须鲨具有一定攻击性,会攻击一切企图进入它们领地的人类。

海洋万花筒

马尔代夫有40多种鲨鱼,其中最常见的鲨鱼是黑鳍礁鲨。这种鲨鱼的幼崽经常在靠近海滩的浅水区活动,目的是躲避深水鲨鱼的袭击。所以,经常在海边散步的人可以发现它们的踪迹,而潜水的人则很少看见它们。在马尔代夫水域还能经常看到白鳍礁鲨和灰礁鲨,白鳍礁鲨几乎每次浮潜或深潜都能看到,而灰礁鲨则会定期聚集于特定的水道入口或特定洋流流经的珊瑚礁地区。

Part 3 来自生活的考验

海洋 Discover 系列　关于鲨鱼的一切

黑暗环境下的生活

生活在深海中的鲨鱼有 200 多种，这些鲨鱼不仅可以承受深海中高强度的水压，还能很好地适应那里的阴暗环境。这些鲨鱼的眼睛都特别敏锐，可以观察到其他动物所发出来的微弱的光。有的鲨鱼还可以自行散发一些微弱的光亮，并以此引诱猎物上钩。深海中的食物相当匮乏，所以这里的鲨鱼大多数都十分慵懒，因为只有这样它们才可以节省体力、储存能量。

雪茄达摩鲨

雪茄达摩鲨有一双巨大的眼睛，它们的腹部可以发出一种绿色的荧光来吸引猎物靠近。它们身上的这种绿色的荧光来自它们皮肤中被称为"发光器"的器官，并且会不会发出荧光是由它们皮肤中的载黑素细胞决定的。

生活在哪里

雪茄达摩鲨主要分布于南、北纬30°之间的各个大洋、中太平洋以及我国台湾北部海域等，属于热带和亚热带外洋性种类。该物种的模式产地（即原始标本产地）在巴西。

长什么样

雪茄达摩鲨属于小型鲨鱼，它们的体长为42～56厘米。身体呈圆柱形，眼睛很大。有两个小小的背鳍和一条大大的尾鳍。

攻击的能力

雪茄达摩鲨喜欢吃乌贼、鱿鱼等，是一种相当凶残的鲨鱼。雪茄达摩鲨用自身的荧光引诱猎物的到来，然后用锋利的牙齿紧紧咬住猎物，并来回旋转自己的身体，撕咬下猎物的肉。被雪茄达摩鲨攻击过的动物，身上都有许多如坑洞一般的伤口，而这些伤口酷似雪茄，它们因此而得名。

奇闻逸事

雪茄达摩鲨的主要猎物是鲸、海豚、鲨鱼、金枪鱼等任何足够大的动物，包括人类。而且猎物体型越大，它们就越容易得手，自身也越安全。看似狂妄无畏的雪茄达摩鲨，咬一口就溜，没有多余的动作，更不会贪心咬第二口。面对这样一个行凶者，凶神恶煞般的大白鲨也只能明智地认栽，带着伤痛继续往前游。

Part 3 来自生活的考验

欧氏尖吻鲨

一般的鲨鱼都有极其发达的肌肉，它们行动迅速、敏捷，异常凶猛。但是，欧氏尖吻鲨给人的感觉却是慵懒无力的。它们身体的其他特征也表明了它们的行动非常缓慢。它们对人类没有任何威胁，因为它们连追捕猎物都成问题。

形态特征

欧氏尖吻鲨的眼睛比较小，身体较长，呈圆柱形。它们的吻比较突出，像短剑一样，因此也被人们称为剑吻鲨。这种鲨鱼属于中大型鲨鱼，它们的体长最大为6米左右。欧氏尖吻鲨的另一个特征是半透明的皮肤，会露出血液来让身体呈粉红色。它们的颚可以伸缩，当收缩时，外观更像是一头粉红色、长吻的沙虎鲨。

生活习惯

科学家们曾在欧氏尖吻鲨的胃里发现了硬骨鱼、乌贼、甲壳类等动物的残骸。根据科学家们的推测,欧氏尖吻鲨在觅食时很有可能停留在黑暗的海中央,它们通过灵敏的电感应器来侦察周围的情况,一旦有猎物靠近,就会迅速张开嘴巴,并在咽喉内产生一定的负压,将猎物吸进去,然后再将嘴巴缩回,用几排像钉子一样的牙齿狠狠地咬住猎物。

奇闻逸事

欧氏尖吻鲨的肝脏部分占了它全身体重的1/4,时至今日,科学家们依然无法理解它们为什么会拥有如此巨大的肝脏。欧氏尖吻鲨仅仅只有50个样本可供研究人员观察,主要是因为这种鲨鱼实在很难捕捉到。

Part 3 来自生活的考验

边界线上的生活

许多鲨鱼通常在海水与陆地的边界线附近生活，它们以海边众多的生物为食，但是通常会忽略与它们同享这片区域的人类。有的鲨鱼可以和人类和谐相处，有的鲨鱼则没有我们想象的那么温和，它们有可能会攻击人类。

柠檬鲨

柠檬鲨因为体色近似柠檬而得名。柠檬鲨属中型鲨鱼，它们性情凶残，对人类有一定的威胁。柠檬鲨经常出现于浅水礁区、沙地潟湖、污浊的红树林沼泽区等，一般喜欢在水面活动，背鳍露出水面，缓慢游动，休息时会游至底层水域。柠檬鲨属于肉食性动物，它们的好奇心强，会无端对人类发起攻击。主要捕食硬骨鱼、虾蟹和海鸟等。

矮壮的身体

柠檬鲨的身材矮壮，体长2.4～3.5米。柠檬色的皮肤为它们在沙质海底的活动提供了完美的伪装。柠檬鲨的头部扁平，鼻子短而宽，两个背鳍几乎一样大。它们的视觉十分发达，可以十分清晰地看到海底世界；它们性情凶残，是出色的海洋猎手，还会时不时地对潜水员或者渔民发起攻击。

生活的区域

柠檬鲨主要分布在热带大西洋西部，从巴西南部到美国新泽西州；非洲西海岸，北、东大西洋；也偶尔会在东太平洋地区发现它们的踪影；从南部加利福尼亚半岛和加利福尼亚湾到厄瓜多尔。柠檬鲨生活在大陆架上，从水面到深度至少 92 米的海洋中。柠檬鲨通常活动在珊瑚和码头周围、红树林的边缘、含海水的小溪和封闭的海湾、河口，偶尔会短距离逆流而上，进入淡水水域。

生长过程

柠檬鲨属于胎生鲨鱼，它们有 10～12 个月的孕期，怀孕期间的雌鲨会在春夏季进入浅水区域分娩，一次可以生产 4～17 条幼鲨。小柠檬鲨的生长速度十分缓慢，年幼的它们经常居住在有红树林的水域，但是这个区域的含氧量极低，幸运的是，柠檬鲨有提高氧摄取的能力。随着年龄的增长，柠檬鲨的活动范围也逐渐增大。柠檬鲨在 6 岁左右性成熟，寿命为 22～27 岁。

Part 3 来自生活的考验

海洋 Discovery 系列　关于鲨鱼的一切

牛鲨

　　牛鲨就是白真鲨，这是一种极可怕的顶级掠食者，同样也是袭击人类的凶手。它们在温暖的沿海浅水或河口捕食大大小小的猎物。大多数鲨鱼一旦进入淡水后就会立即死亡，然而，牛鲨却是一个例外。它们的身体具有调节盐度的能力，因此，它们可以离开大海游到河流的上游。在南美洲、非洲和印度，牛鲨会定期出现在湖泊与河流之中。在美国，它们可以沿着密西西比河逆流到伊利诺伊州，全程长达 2900 千米。而在南方的秘鲁，它们会在水势凶险的亚马孙河里逆游 3700 千米。

危险的渡河

　　牛鲨会埋伏在河流中袭击穿越河流的角马。牛鲨强壮且又有很强的攻击性，它们从不畏惧捕食大型猎物，甚至会弄翻靠近它们的游船。

强有力的颌部

　　牛鲨有强有力的颌部，它们那巨大的三角形上颌就像切面包的刀具一样，可以轻松切穿海豚、海龟等大型动物。可见这种鲨鱼有多吓人。

牛鲨的身体很宽大，强壮而且有力。一条成年的牛鲨体重可以达到 90～225 千克，体长可以达到 2.1～3.5 米。

牛鲨的背鳍在高速划破水面的时候，也会成为被攻击者可以发现的目标。

由于经常在浑浊的水里游猎，牛鲨的眼睛在捕猎时并不能起到太大的作用。它们主要通过其他的器官捕食。

在穿越非洲平原的途中，成群的角马试图穿越危险的河流，而很多角马在穿越的途中会被偶尔到访的牛鲨给捕获，成为牛鲨的食物。斑马也会受到牛鲨的袭击。

斑马会跟随角马群穿越河流，即便它们可以成功地躲开牛鲨的袭击，藏身于灌木丛中的狮子也会对它们虎视眈眈。

海洋万花筒

淡水鲨有很多不为人知的秘密。有一种鲨鱼叫作恒河鲨，它们和牛鲨一样，可以长期生活在河流以及入海口。这种鲨鱼主要生活在巴基斯坦、澳大利亚等地。因为极其罕见，所以有人就认为它们已经灭绝了。

Part 3 来自生活的考验

双髻鲨

双髻鲨属于最好辨认的一种鲨鱼，因为它们的头部是比较奇异的锤头形。两只眼睛分布在锤头的两端，鼻孔位于前端的边缘。头上还有一套电感应器，这可以帮助它们跟踪猎物。这种鲨鱼生活在世界范围内的热带水域，它们有很多种类，有体型较小的，如窄头双髻鲨和短吻双髻鲨；也有体型较大的，如锤头双髻鲨和路氏双髻鲨。其中最大的是无沟双髻鲨，它们的体长可以达到6米。

> 双髻鲨在追踪气味的时候，可以通过摇摆头部来改变方向。哪一个鼻孔闻到的气味更强烈，它们就会向着鼻孔所在的方向前进。

> 双髻鲨的牙齿都比较小，但是却很锋利，像刀片一样。路氏双髻鲨的上颌呈锯齿状，下颌却是尖尖的。

路氏双髻鲨总喜欢成群结队，通常由上百条双髻鲨组成一个群体。在东太平洋，每年都会有成群的双髻鲨造访海底山，因为它们总能在那里找到充足的食物。

🔬 **海洋万花筒**

无沟双髻鲨通常以鳐类以及其他种类的鲨鱼为食，它们用头部将刺魟压在身下，然后咬掉它们的鳍部。人们曾在无沟双髻鲨的胃里发现了刺魟的毒刺，但是这些毒刺对无沟双髻鲨来说并没有任何威胁。

在一些路氏双髻鲨群里，几乎都是雌性双髻鲨，而最大的雄性双髻鲨则游在群体的最中央，并驱赶过于靠近自己的一些小鲨。

一条处于支配地位的双髻鲨，为了不让其他双髻鲨靠近，会做出威胁的警告动作，如扭动、翻转等。

翼状的头部让双髻鲨更灵活，在它们游动的时候，头部会像机翼一样，向上抬起身体前部。

因为双髻鲨的眼睛在锤头的两端，所以不转动头部是不能直接看见正前方的。

Part 3 来自生活的考验

群居的生活

人们一直以为鲨鱼是独行侠,它们总喜欢独自穿梭于海洋各处寻找猎物。但是,通过科学家们近几年的研究和观察发现,我们并不能以偏概全。一种独行的鲨鱼并不能代表所有鲨鱼都喜欢独来独往。在 400 多种鲨鱼中,每一种鲨鱼都有它们独特的生活方式,以及与同类互动的特殊习惯。

谁是领导者

如果两条鲨鱼在相互争执,并要争个高低的时候,它们会先并排游弋一会儿。这样做主要是为了比较两者之间谁的体型更大,而体型大的那一方可以暂时领先。紧接着,它们会争相游到对方的上方,最先示弱的一方就算落败。有时候,居于下方的鲨鱼会拱起背来向对手示意,以此表明自己甘愿屈从于对方。如果双方可以以这种较为和平的方式争个高低,那会省去许多不必要的争斗和麻烦。

柠檬幼鲨们的群居生活

柠檬鲨喜欢在一个固定的区域繁殖，它们会在自己出生的地方待上数年之久。在这段时间里，柠檬鲨几乎都在一起生活。柠檬鲨在1岁之前极度依赖群体，并且对加入某个群体有着强烈的选择性。在1岁之后，这种群体选择性的意识开始逐渐被淡化，它们愿意和任何一个群体保持良好的关系。这样做是为了和群体之间加强良好的互动，并且向一些大的鲨鱼学习捕食与合作。

奇闻逸事

2017年，一位名叫肖恩·斯科特的澳大利亚风景摄影师，在澳大利亚西海岸用无人机拍到了400多条鲨鱼围捕鱼群的壮观场面，这些鲨鱼就在浅滩处捕食。当时海滩上不仅有人在潜水，还有人在冲浪，但似乎没有任何鲨鱼对这些人类表现出捕食欲望。斯科特说，他还从来没有看到过人与鲨鱼群如此地接近，而这也证明了澳大利亚西海岸附近的海洋生物的健康繁盛。

Part 3 来自生活的考验

喜欢聚集的灰三齿鲨

有很多种鲨鱼都喜欢成群结队，并且它们多半由同性组成群体，这样的群体可以很好地起到威慑敌人的作用，并减少被敌人攻击的风险。如灰三齿鲨，它们白天会成群栖息在珊瑚礁的附近，而这显然是奉行"同心协力，可以更高效地注意到危险"的原则，但也有可能是为了共享那些不容易找到的理想休息位置。它们这样相互依偎，还有可能是为了增进彼此之间的向心力。

狩猎社区

当灰三齿鲨夜间出动觅食的时候，它们经常成群结队地出现，乍看之下，它们似乎是在进行团队协作，而事实却是它们在相互推挤。专家推测，这些鲨鱼之所以会聚集于此，主要是因为受到丰富食物的吸引。它们聚集在一起也不是为了相互协作，而是为了争抢食物。

抱团的大白鲨

人们一直以为鲨鱼在海洋中独自生活，后来研究发现，结果并非如此。作为顶级掠食者的大白鲨，它们就喜欢成群结队地出现。大白鲨通常会联合十多个同伴，一起出现并集体捕食。在这样的群体之中，同样存在着阶级之分，它们会区分彼此之间地位的高低。

奇闻逸事

1977年，在墨西哥湾的美国得克萨斯州沿岸一带出现了海洋生物史上极为罕见的一种奇观。人们看到2000多条大小不一的鲨鱼聚集在24千米长的海域中，不停地游来游去。这些鲨鱼互相之间从不厮杀，更不吞食弱小，而是和平相处。研究人员为了解释这种独特的现象，在这里进行了长达1个月的观察，最后发现，这些鲨鱼体长1.7米左右，并且雌雄相杂，游弋在10米深的水域。至于为什么会群集于此，研究人员也无法给出一个确切的答案。

开动脑筋

你觉得以下哪种行为不是鲨鱼聚集在一起的原因？（　　）

A. 为了交配，繁殖后代
B. 为了抵御更凶猛的敌人
C. 为了迁徙
D. 为了增进鲨鱼之间的感情

Part 3 来自生活的考验

双髻鲨群体

　　一些鲨鱼能聚集成一个极为庞大的群体，即所谓的"群集"。有时候，好多个群体聚集在一起，形成数量可达数百条、上千条的大鲨鱼群。由海底火山而形成的海底山脉是双髻鲨最偏爱的聚集所，因为这里有大量的食物和浮游生物，还会吸引大大小小的其他鱼类。因此，双髻鲨们也会跟着这些鱼类过来捕食。白天的时候，双髻鲨聚集在一起，它们喜欢绕着山脊游弋，到了晚上，这些双髻鲨就会分散开来，分头去捕食。

🌊 海洋万花筒

　　大型鲨鱼通常都会单独行动，而小型鲨鱼则喜欢成群聚集，甚至也会如海豚般成群协作狩猎。因为大型鲨鱼有强大的攻击性，捕食能力高超，所以不需要同伴的协作；小型鲨鱼攻击能力差，并且随时都可能成为其他鱼类的猎物，所以需要同伴的合作，才可以更好地生存下去。

奇闻逸事

2016年，有人在美国佛罗里达海岸附近拍摄到上千头鲨鱼聚集，它们在进行迁徙。在每年2月初的时候，这里经常会出现成千上万头鲨鱼，它们从远方迁徙过来进行繁衍。根据研究人员的介绍，这些鲨鱼大多是黑鳍鲨。这种鲨鱼是一种生活在热带及温带海域、以猎食珊瑚鱼为主的鲨鱼，由于其体型较小，所以并不会对人类造成威胁。

寻找伴侣

鲨鱼为了繁衍后代，经常会在群体内寻找伴侣。在茫茫的大海里，寻找一群鱼要比寻找一条鱼容易得多。在双髻鲨群里，雄性双髻鲨的目标很明确，它们知道自己要去什么地方寻找伴侣，即群体的最中央。只有在这里，它们才能找到最强壮、最有吸引力的雌性鲨鱼。研究人员推测个别的鲨鱼之间存在着友谊，但是至今也没有证据可以证明这一观点。

Part 3 来自生活的考验

鲨鱼也有天敌

众所周知，鲨鱼属于海洋中的顶级掠食者，身处海洋食物链的最顶端。因此，人们误以为鲨鱼就是海洋中的霸主，它们在海洋中所向无敌。其实这样的认识是错误的。事实上，鲨鱼并不是海洋里唯一的顶级掠食者，即使是最强大的鲨鱼，它们也同样有天敌，会遭受到威胁。

虎鲸

你可能无法相信，某些虎鲸群体非常善于猎杀鲨鱼。虎鲸又称杀人鲸，它们的外形看起来十分可爱、无公害，但它们却是十分强悍的杀手。虎鲸不仅可以和鲭鲨互相较量，而且还敢和大白鲨抗衡。一头成年的虎鲸就算是单枪匹马，也同样能对大白鲨造成巨大的威胁。如果体型巨大的大白鲨遇到了一群虎鲸，后果不堪设想。

猎杀技巧

虎鲸在猎杀大白鲨的时候，所采取的狩猎方式和大白鲨十分相似。它们从猎物的下方展开奇袭，但是与大白鲨不同的是，虎鲸如果将大白鲨赶到水面之后，会用尾巴重拍大白鲨，让它处于一种麻木的状态。虎鲸似乎知道大白鲨的这个弱点，将它拍晕后，再将它的身体翻转过来，这样，大白鲨就会处于瘫痪状态了。

年幼的虎鲸

年幼的虎鲸会观摩成年虎鲸的猎杀方式，学习到丰富的经验。年幼的虎鲸经过几年的学习之后就会开始亲自上阵，参与猎杀的行动中。虎鲸可以说是既聪明又凶残，这样的对手就连大白鲨也会束手无策、望而生畏。

开动脑筋

虎鲸一般生活在多深的水里？（　　）
A.100 米　　　B.50 米
C.30 米　　　D.500 米

海洋万花筒

当一群虎鲸发现一条鲭鲨，并且虎鲸已经从鲭鲨的下方游上来，准备奇袭并猎杀这条鲭鲨时，鲭鲨是很难逃脱的，它只能坐以待毙。

Part 3 来自生活的考验

防卫技巧

即便是鲨鱼也需要防卫，而它们的防卫方式则是"三十六计，走为上计。"不过，有的鲨鱼还是会用自己锋利的牙齿与对手进行搏斗；有的鲨鱼则会试着伪装自己，以此来躲避敌人的追击；有些鲨鱼身上有利刺，这会让追捕它们的猎杀者胃口全无；此外，还有的鲨鱼会将自己的身体膨胀起来，以此来吓唬那些敌人。

大尾虎鲨

大尾虎鲨的幼鲨有很多强大的敌人，因此，它们会利用自己身上的斑点进行伪装，躲避敌人的发现和追捕。在明亮的浅海水域，大尾虎鲨的幼鲨会凭借身上的斑纹，利用太阳光的折射，使自己很好地"隐身"，这样就能有效地躲避猎杀了。

开动脑筋

大虎尾鲨主要分布在以下哪个区域？（　　）

A. 北冰洋　　B. 西太平洋
C. 大西洋　　D. 南极

灰三齿鲨

灰三齿鲨在面对猎杀者袭击的时候，会利用背鳍的尖端，藏身于突出的岩石下或者珊瑚礁的中间，躲避追杀。

气球鲨

当气球鲨遇到危险的时候，它们会膨胀身体来吓退敌人。气球鲨会通过把水吸入身体来使身体膨胀，它们的身体最大可以膨胀到自身的两倍。当气球鲨被抓出水面时，它们则会通过吸气，使自己的身体膨胀起来。这些表现其实都是一种自卫本领。

Part 3 来自生活的考验

竞争对手

龙胆石斑鱼、海狮、海豹以及咸水鳄等，这些强大的猎食者的食物和鲨鱼的食物大致相同，所以它们经常会早一步从鲨鱼的眼皮底下抢走鲨鱼准备享用的美食。

宽吻海豚

宽吻海豚与鲨鱼一样，它们都以章鱼、管鱿以及较小的鱼类为食。所以，宽吻海豚经常会抢先一步，一口吞下这些食物，让准备进食的鲨鱼扑个空。

海狮

海狮是一种既强大又灵敏的猎食者，它们不单单捕食普通的鱼类，同时还会捕食一些体型较小的鲨鱼。

石斑鱼

相比前几位较为凶残的猎手，石斑鱼算得上是温柔的物种了。它们喜欢捕捉一些甲壳动物，或栖息于海底的鲶鱼等生物。即使是这样，它们也能在海底与一些鲨鱼争夺食物。

咸水鳄

咸水鳄大多栖息于海岸附近。它们平常猎食的方式是用巨大的嘴紧紧地咬住猎物，然后将它们拖进水里溺毙。有一些咸水鳄的体型很大，它们甚至还会猎食牛鲨。

开动脑筋

咸水鳄一般指的是什么？这种鳄鱼是23种鳄鱼中体型最大的，同时也是世界上体型最大的爬行动物。（　　）

A. 湾鳄　　　　B. 鲨鳄　　　　C. 海豚鳄

Part 3 来自生活的考验

鲨鱼的伪装

须鲨属于鲨鱼中的伪装高手,它们经常像地毯般贴在海底,因此又被称为"地毯鲨"。须鲨多数栖息于温暖海域,它们喜欢在珊瑚礁附近活动,这些地方相对明亮,这会使须鲨更容易被发现,不仅捕食变得困难,并且自身的安全也难保障。为了解决这些困扰,须鲨利用自身的条纹或斑点来进行伪装。

形态特征

须鲨的身体比较扁平,身体的表面有不规则的斑点花纹。它们的轮廓并不是十分明显,所以很容易和海底融为一体。须鲨凭借着自身完美的伪装,悠然地埋伏在海底或岩石缝隙中守株待兔。就算是潜水员,也需要细心观察几番才能看见伪装的须鲨。

奇袭的能力

须鲨的牙齿是向后弯曲的,这有利于它们将猎物牢牢咬住。一旦有生活在海底的鱼类、乌贼或者螃蟹接近须鲨的嘴边,它们便会将自己的嘴巴张开,将下颚向前推移,产生一股吸力,顺势咬住猎物并吸进嘴里。

叶须鲨

叶须鲨又称流苏须鲨，它们的体长为 1.8 米左右，外观极为独特。在它们的嘴部周围分布着许多分叉的须状茸毛。这些茸毛状的构造会随着水流而摇曳，这让它们的头部变得像长满海草的石头。叶须鲨可以通过自身摆动的茸毛来吸引周围活动的鱼类、甲壳动物的好奇心。当这些动物被吸引过来，饥肠辘辘的叶须鲨便会起身一口吞下它们。

哈氏须鲨

哈氏须鲨的体长为 3 米左右。这种须鲨只生活在东印度洋的西澳大利亚海域。它们最先是由澳大利亚博物馆的鱼类馆长吉尔伯特·惠特利发现的。他将这种鲨鱼定义为饰斑须鲨的一个亚种。直到最近，科学家们才将其看作一个独立的物种。之所以这样，是因为哈氏须鲨头部的叶须和饰斑须鲨的不尽相同，而且眼眶上方长有疣状物，气孔背后还各有一个白点。

海洋万花筒

大白鲨这个名字来自它们白色的腹部。当太阳光照射到大白鲨的身上时，从下方很难看到大白鲨的身影。并且，由上往下看去，大白鲨身上阴暗的背部会与深海的颜色融为一体，起到了很好的伪装作用。

Part 3 来自生活的考验

硬背侏儒鲨

　　鲨鱼的体长一般都会超过 5 米，它们拥有非常锋利的牙齿，可以在海底随意地撕咬敌人，尤其是虎鲨和牛鲨，这些战斗力超强的鲨鱼常常在海底让其他动物瑟瑟发抖。然而，硬背侏儒鲨作为世界上最小的 10 种鲨鱼之一，它的体长平均为 30 厘米，最小的体长只有 18 厘米，人类甚至可以把硬背侏儒鲨托在自己的手上，硬背侏儒鲨丝毫没有其他鲨鱼的霸道气质，甚至在海底被其他的大型生物欺负。

生活区域

　　硬背侏儒鲨生活的地方实际上距离人类非常远，它们栖息在距离海面 2000 米左右的深海区域，那里光线十分差，所以，硬背侏儒鲨可以利用黑暗的环境伪装自己，防止遭受外来生物的侵害。硬背侏儒鲨在海底生活同样十分困难，丝毫没有那些大型鲨鱼的气魄，它们也不敢随意和其他的敌人发生争斗，因为一不小心，它们就会成为别人的盘中餐。

善于伪装

硬背侏儒鲨最大的特点就是善于伪装。它们的身体可以发光，为了逃避天敌的残害，硬背侏儒鲨可以让体色和所处环境的颜色保持一致。除此之外，当猎物出现时，硬背侏儒鲨也会伪装自己，从而使猎物放松警惕，最后突然进攻，将猎物杀死。所以，硬背侏儒鲨还是鲨鱼中最聪明的一种。

海洋万花筒

有些鲨鱼为了和环境融为一体，甚至可以随意改变自己身上的颜色，这是因为它们会将具有色素的生物细胞收缩集中到自己的皮肤上。

Part 3 来自生活的考验

太平洋扁鲨

太平洋扁鲨主要生活在东太平洋海域。这种鲨鱼通常喜欢单独活动,偶尔也会成群结队。太平洋扁鲨喜欢在一个地方待上几天,然后转移到下一个地方,但它们并不适合长距离的移动。太平洋扁鲨白天会待在海底的泥沙中等待猎物出现,然后以极快的速度伏击猎物。到了晚上,太平洋扁鲨的活动变得明显,它们通过声波来找寻食物。这种鲨鱼主要以硬骨鱼、鱿鱼、墨鱼和甲壳动物为食。

开动脑筋

太平洋扁鲨又叫什么?(　)
A. 天使鲨　　B. 鲑鲨
C. 蝠鲼　　　D. 礁鲨

参考答案:A

奇闻逸事

20世纪后叶,全世界范围内的太平洋扁鲨数量急剧下降,21世纪初的数据统计表明,太平洋扁鲨在美国加利福尼亚州的登记数维持在较低水平。随着一些相应管理措施的出台,商业捕鱼被叫停,太平洋扁鲨也已经被美国列为低危物种。

肩章鲨

　　肩章鲨主要以磷虾、鱿鱼、凤尾鱼、沙丁鱼及鲭鱼为食。它们的体型较大，为了持续不断的能量来源，它们必须游来游去，通过过滤海水来获得食物。这种鲨鱼主要生活在世界范围内的热带及温带地区。它们通常是静止的，比较害怕光亮，经常栖息在近海底层多植物生长的环境中，显示保护色来捕食鱼类和无脊椎动物。

开动脑筋

肩章鲨属于以下哪种繁殖方式？（　　）

A. 胎生

B. 卵生

C. 卵胎生

奇闻逸事

　　你听说过用鳍走路的鲨鱼吗？深海中的肩章鲨就是这样一种特别怪异的生物。肩章鲨因头部附近有两个类似肩章的大圆点而得名。它们生活在海底，平时大部分时间用鳍在海底行走，遇到危险时才会游动。

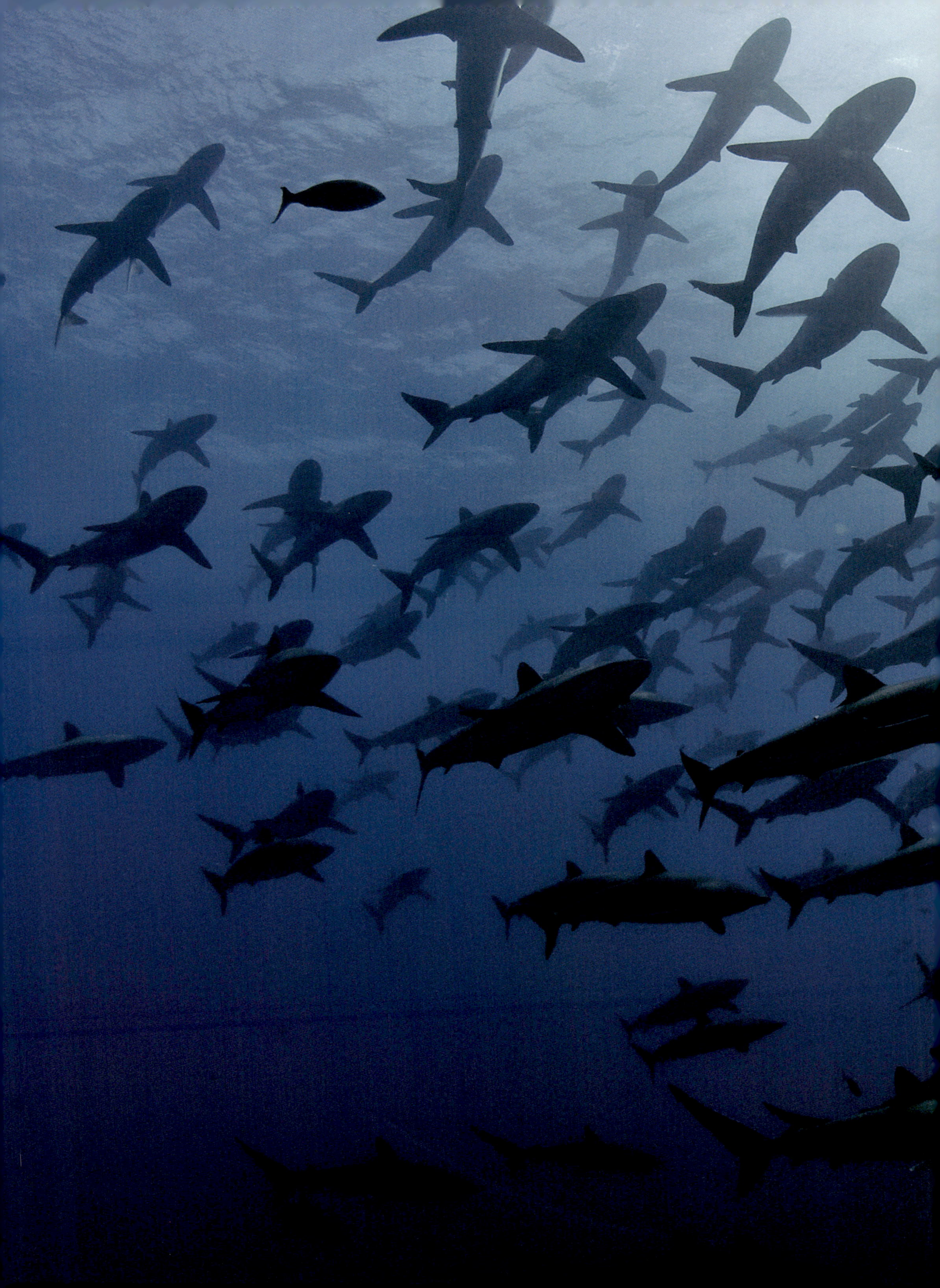

Part 4
鲨鱼庞大的族群

　　鲨鱼拥有庞大的族群,有的体型庞大,有的体型小巧。比如,体型最大的鲸鲨,它们的体长可以达到20米。口袋鲨鱼则只有14厘米左右,体重还不足15克。牛鲨则是最凶残的鲨鱼,有坚硬外壳的海龟、皮糙肉厚的小型鳄鱼都是牛鲨的食物。

Part 4 鲨鱼庞大的族群

鲨鱼的分类

有的鲨鱼体型很小，有的则很大；有的比较扁平，有的则圆滚滚；还有的身上布满斑点，有的则全身长有条纹，目前全世界已知有400多种鲨鱼，它们可以分为8目。

虎鲨目的种类

虎鲨目的化石最早见于早侏罗纪时期，是所有鲨鱼类目中最早出现的。现存的虎鲨目有1科1属共9种。它们分别是佛氏虎鲨、眶嵴虎鲨、宽纹虎鲨、墨西哥虎鲨、瓜氏虎鲨、黑虎鲨、加拉帕戈斯鲨鱼、白点虎鲨和狭纹虎鲨。

虎鲨目

虎鲨目的鲨鱼比较小，主要栖息在热带及亚热带海底。虎鲨目的鲨鱼主要以贝类为食，它们的牙齿适用于压碎和研磨贝类，虎鲨目的鲨鱼不属于非常强悍凶残的掠食者，更不是食人鲨。

须鲨目

须鲨目也称为须鲛目，这一类的鲨鱼都有5对鳃裂，2个背鳍，无棘，具臀鳍。须鲨目是通过史前的原始鼠鲨目的成员一点点演化过来的，可以分为两个亚目，一个是喉须鲨亚目，另一个是须鲨亚目。鲸鲨、沙锥齿鲨和大尾虎鲛（斑马鲨）都属于须鲛目的成员。

须鲨目的科类

须鲨目包括须鲨科、长须鲨科、绞口鲨科、长尾须鲨科、斑鳍鲨科、鲸鲨科和豹纹鲨科。

鼠鲨目

鼠鲨目的鲨鱼都具有5对鳃裂，2个背鳍，背鳍上无鳍棘。它们的眼睛没有瞬膜，嘴巴可以延伸到眼睛的后方，和其他鲨鱼不同的是，鼠鲨目的鲨鱼体温一般都高于环境的水温。这一类鲨鱼栖身于水深约1600米以内的海域里。鼠鲨目的鲨鱼的身体呈纺锤形或圆柱形。大白鲨和尖吻鲭鲨都属于鼠鲨目。

鼠鲨目的科类

鼠鲨目包括长尾鲨科、姥鲨科、鼠鲨科、剑吻鲨科、巨口鲨科、锥齿鲨科和糙齿鲨科（拟锥齿鲨科）。

Part 4 鲨鱼庞大的族群

真鲨目

真鲨目是最复杂的族群，鼬鲛虎鲨（鼬鲨）、双髻鲨和黑边鳍白眼鲛都属于真鲨目。它们的身体呈圆柱形，头部呈锥形、平扁或两侧突出，它们有5对鳃裂，2个背鳍，没有鳍棘，有臀鳍。真鲨目的鲨鱼除了少部分是卵胎生以外，大部分都属于胎生。这是为了适应环境而进化出的一种生殖方式。

真鲨目的分类

真鲨目是鲨鱼类中最庞大的一个目，现存8科共292种，分为4个亚目，即真鲨亚目：真鲨科，半沙条鲨科，须雅鲨科；皱唇鲨亚目：皱唇鲨科，拟皱唇鲨科，原鲨科；猫鲨亚目：猫鲨科；双髻鲨亚目：双髻鲨科。

六鳃鲨目

六鳃鲨目，顾名思义，它们都不止5对鳃裂，通常都有6～7对鳃裂。这一类鲨鱼的身体呈圆柱形或侧扁，眼睛没有瞬膜，喷水孔很小，并处于眼睛后方。它们只有1个后位背鳍，没有硬棘，有臀鳍。六鳃鲨目属于现存的最原始的一个种类，最开始出现于侏罗纪时期。六鳃鲨目是所有鲨鱼目中种类最少的，仅仅只有5种。六鳃鲨目又可以细分为六鳃鲨科和皱鳃鲨科，灰六鳃鲨、扁头哈那鲨、尖吻七鳃鲨等都属于六鳃鲨目。

角鲨目

角鲨目中的鲨鱼俗称"狗鲨"。它们就像狗一样,体型相对比较小,且具有攻击性。角鲨目的鲨鱼都有2个背鳍,且通常有鳍棘。它们看起来和其他鲨鱼并没有什么不同,身体也如同梭子一样,头部呈圆锥形,吻部扁平呈板状。短吻棘鲛、猫鲨、侏儒额斑乌鲨都属于角鲨目。

角鲨目的科类

最早的角鲨类化石发现于晚侏罗纪时期。现存有7科,即角鲨科、刺鲨科、铠鲨科、棘鲨科、灯笼棘鲛科、尖背角鲨科和梦棘鲛科,是种类第二多的鲨鱼,仅次于真鲨目,分布于世界各地的海洋,特别是深海中。

🔬 海洋万花筒

角鲨之所以出名,并不是因为它们的长相,而是它们非常有价值。1906年,日本化学家本满丸在两种深海角鲨肝油中发现了两种有机化合物,分别命名为"角鲨烯"和"角鲨烷"。其中,角鲨烯在食品和化妆品领域得到广泛应用;"角鲨烷"是一种化学稳定性极高的动物油脂,可抑制寄生细菌生长。

海洋 Discover 系列　关于鲨鱼的一切

Part 4 鲨鱼庞大的族群

扁鲨目

　　扁鲨目的鲨鱼身体比较扁平，它们的胸鳍和腹鳍宽大而扁平。这一类鲨鱼有2个背鳍并位于身体后部，没有硬棘和臀鳍。身体的背侧通常有与周围环境相适应的斑纹，这让它们可以很好地与环境融为一体，起到很好的伪装作用，有利于它们捕杀猎物和躲避危险。这类鲨鱼的鳃和其他鲨鱼的一样，同样是位于身体的两侧，但是它们的鳃裂位置靠近腹侧，并且因为宽大的胸鳍遮挡以及它们经常都趴在海底，所以，人们很难发现它们的鳃部。虽说扁鲨的胸鳍很宽大，但是它们胸鳍的前端和头部依然是分离的。这一类鲨鱼通常生活在热带和温带海域的浅海，其中体型最大的为日本扁鲨，其体长可以达到2米。这类鲨鱼属于卵胎生，平时喜欢将身体埋藏在海底泥沙中，偷袭来往的鱼类和无脊椎动物。

奇闻逸事

　　锯鲨并不是唯一具有锯吻的软骨鱼类，有一类很特别的物种——锯鳐，它们同样有电锯一般的吻部，而这都是进化的结果。为了生存，锯鲨和锯鳐的祖先选择了相同的策略，它们利用形状极度特殊的吻部，可以十分方便地捕捉猎物。

开动脑筋

　　扁鲨目中的天使鲨很出名，它们经常白天休息，晚上活动。天使鲨的怀孕期为8～10个月，一次可以产下7～25条幼鲨。那么，你觉得它属于以下哪种繁殖方式呢？（　　）
　　A. 胎生　　B. 卵生　　C. 卵胎生

锯鲨目

锯鲨目也叫锯鲛目，这一类鲨鱼的体长为1.7米左右，身体比较扁平，眼睛上没有瞬膜，有2个背鳍且没有棘刺，有1对腹鳍，1个胸鳍，没有臀鳍，且尾鳍比较短，属于卵胎生。锯鲨目的鲨鱼喜欢生活在澳大利亚、日本和南非附近40米以下的海底，主要以鱼类、头足类和甲壳类为食。锯鲨目的奇特之处在于它们的吻部都比较突出，像一把长剑。吻的中段腹面、鼻孔前方有1对触须，吻的两侧有锋利的锯齿，像电锯一样。它们的锯齿通过皮肤衍生发育而来，利用吻部的洛伦氏壶腹，它们可以通过探测电磁场感知猎物的存在，进行围猎和防卫。锯鲨目中有长吻锯鲨、热带锯鲨、日本锯鲨、拉娜锯鲨、非洲侏儒锯鲨、短吻锯鲨和巴哈马锯鲨等。我国只有日本锯鲨1种，分布于黄海、东海和南海。

Part 4 鲨鱼庞大的族群

海洋 Discovery 系列　关于鲨鱼的一切

鲨鱼之最

有些鲨鱼在某些方面已经达到了极致，它们有的身体比半辆卡车还要长；有的游速比海豚还要快；有的还能在一片漆黑的深海中生活。在 200 万年前，史前海洋是巨齿鲨的家园，它们是有史以来体型最大，却不是能力最强的一种鲨鱼。这种鲨鱼的牙齿有 18 厘米长，体重可以达到 50 吨，可谓海洋里真正的霸王。尽管这种鲨鱼已经灭绝了，但在如今的海洋中，依然栖息着各种各样的鲨鱼，它们也是不同领域的佼佼者。

最大的鲨鱼

最大的鲨鱼叫作鲸鲨，它们的体长可以达到 20 米，体重达 12.5 吨。这种鲨鱼虽然体型特别大，性情却极为温和，属于滤食性鲨鱼，不会对人类造成伤害。

最凶残的鲨鱼

牛鲨可谓最厉害且最凶残的一种鲨鱼，牛鲨的猎物包括各种海水鱼、淡水鱼、小鳄鱼、头足类动物、其他鲨鱼（包括小大白鲨）、海龟等。牛鲨还可以进入淡水中，在印度的恒河、南美洲的亚马孙河都能发现这种鲨鱼的踪影，它们还会攻击人类。

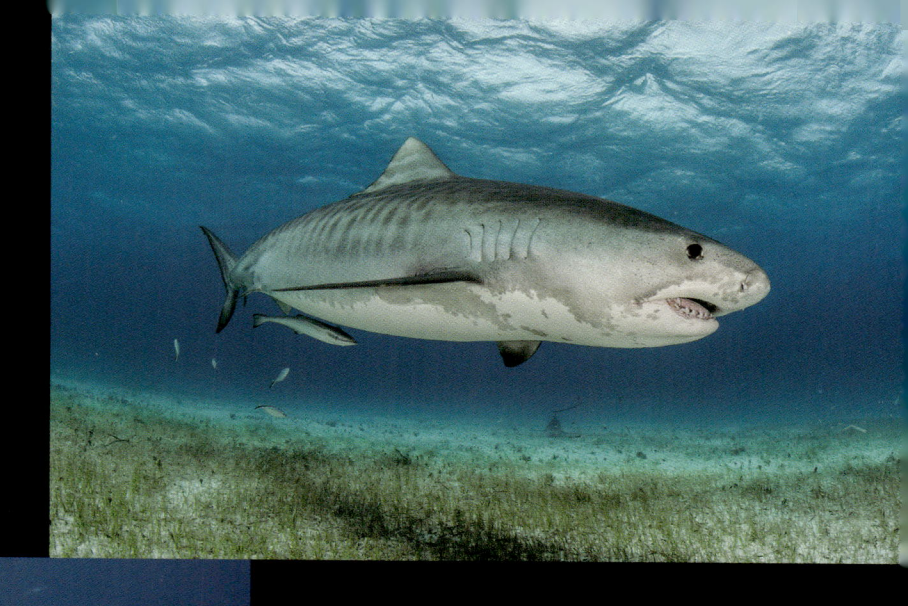

最快的鲨鱼

灰鲭鲨是游速最快的鲨鱼，时速最快可以达到 64 千米。其他掠食者追不上的鱼类，它们都可以轻易地追上，包括鲭鱼、剑鱼等，可谓名副其实的水中猎豹。

奇闻逸事

硬背侏儒鲨的腹部有很多生物发光器官。它们因为攻击力很弱小，所以会利用发光的器官来隐藏自己的踪迹。

Part 4 鲨鱼庞大的族群

最大的肉食性鲨鱼

大白鲨是世界上最大的肉食性鲨鱼，体长可达7米。事实上，大白鲨并不是白色的，它们的上半身是深灰色的，而牙齿和腹部是白色的，因为鲨鱼颌骨和鱼翅的关系，大白鲨被过度捕杀。如今，大白鲨已经成为易危物种，在很多地方都受到了保护。

最能吃的鲨鱼

虎鲨可谓最能吃的鲨鱼。它们几乎不挑食，见什么吃什么。科学家在它们的胃里发现过鞋子、水桶、木板、车牌、扫帚和灯泡等。

奇闻逸事

一些观察长尾鲨的研究人员发现，长尾鲨会用长尾不断击水，借此发出一种可怕的声音。这种声音可以吓得鱼儿聚成一团，甚至失去知觉。这时的长尾鲨就会好好地享受猎物，直到吃饱为止。

尾巴最长的鲨鱼

长尾鲨的尾巴可以长到3米左右，它们的尾巴和自己的身体差不多一样长。

海洋万花筒

黑鳍鲨是一种凶猛的小型鲨鱼，它们与大白鲨是近亲，都属于真鲨类。在海洋中遇到野生的黑鳍鲨是一件很危险的事，它们会攻击人类，一旦闻到血腥味，就会变得更加凶残。黑鳍鲨可以轻易地咬掉人的手指。海洋馆的黑鳍鲨饲养员一般都会戴由钢丝制作的防鲨手套，以免发生不测。

被人类食用最多的鲨鱼

在大西洋，黑鳍鲨和它们的近亲高鳍真鲨都属于被人类猎捕最多的鲨鱼，如今已经濒临灭绝。

Part 4 鲨鱼庞大的族群

最小的鲨鱼

最小的鲨鱼叫作硬背侏儒鲨,它们的体长只有大约 30 厘米,这也是成年硬背侏儒鲨所能达到的最大体长,因此它被称为"世界上最小的鲨鱼"。硬背侏儒鲨生活在深达 2000 米左右的海域,主要以微生物,以及一些深海贝类、虫子为食。

海洋万花筒

科学家曾在格陵兰岛发现一条大约 500 岁的鲨鱼。根据科学家的推测,这条格陵兰睡鲨出生于 1505 年。之所以会认为它有 500 岁,是因为格陵兰睡鲨每年只生长 1 厘米,而如今这头鲨鱼的体长竟有 5.4 米。

最长寿的鲨鱼

最长寿的鲨鱼是格陵兰睡鲨。它们是目前世界上最长寿的脊椎动物,寿命最长可以达到 500 多年,这比长寿的乌龟还要多 100 多年。

最丑的鲨鱼

哥布林鲨长着一张极其丑陋的脸。它们满嘴长着犬牙一样的牙齿，并且相互交错，嘴吻更是可以在捕食时凸伸出来。哥布林鲨因为数量不多，又常年生活在深海，所以在20多年前才被人们发现。

海洋万花筒

虽然灰鲭鲨是鲨鱼中速度最快的，但它们的时速却远远比不上有的鱼类。旗鱼的游速为每小时120千米，最高时速可达190千米。

开动脑筋

哥布林鲨一般生活在水深多少米处？（　）
A. 200米　　　B. 500米
C. 800米　　　D. 1000米

Part 4 鲨鱼庞大的族群

海洋 Discover 系列　关于鲨鱼的一切

庞大而无害的鲨鱼

鲨鱼的种类很多，其中有一些体型庞大的鲨鱼，看起来让人望而生畏，然而，在这些大鲨鱼中，却有很多种类都是无害的鲨鱼，可以称它们为"温和的巨人"。鲸鲨是世界上最大的鲨鱼，体长可以达到20米。姥鲨的体长也达到了约15米，但是它们只吃浮游生物，从未有过伤人的报道。巨口鲨虽然长着一张大嘴巴，但是却对人类没有任何威胁，因为它们的食物是那些浮游生物和小鱼。

鲸鲨

鲸鲨是世界上最大的鲨鱼，它们的体长可达到20米，重达13吨。虽然鲸鲨的身体很庞大，但是它们最爱的食物却是浮游生物、小鱼和微小浮游植物。鲸鲨被人类看作最无害的鲨鱼之一，通常被称为"温和的巨人"。

鲸鲨很神秘

鲸鲨虽然有非常宽大的嘴巴，但是它们却是一种滤食性动物。按理说，如此的庞然大物应该很容易就能在海洋中被发现，加上它们性情温和，许多潜水者都想追寻它们的身影。然而，这种鲨鱼十分神秘，神龙见首不见尾，很多寻找它们的人都铩羽而归。

鲸鲨幼崽

刚出生的鲸鲨幼崽体长为 55 ~ 70 厘米。但是，一旦鲸鲨达到性成熟，雄性鲸鲨的体长就能达到 10 米左右。鲸鲨成长过程缓慢，从幼鲨长到成年鲸鲨需要经过 30 年。有人推测，幼年鲸鲨只生活在深海中，直到它们性成熟为止。鲸鲨的寿命很长，可以达到 70 ~ 100 岁，它们喜欢生活在热带或温带的海域中。

姥鲨

姥鲨属于海洋中第二大的鱼类，仅次于鲸鲨。姥鲨比较被动，从来没有听到过关于姥鲨伤人的报道。所以，人类在姥鲨面前是十分安全的。

作为鲨鱼界中的庞然大物，姥鲨的体长为 15 米左右。它们虽然外表看起来十分可怕，但却是一种温顺并且害羞的动物。姥鲨的嘴巴可以张开 0.9 米的宽度，体重可以达到大约 10 吨。然而，拥有这样吓人的体重和外表的它们，性情却与鲸鲨的一样，它们只吃浮游生物，属于滤食性动物。

奇闻逸事

在苏格兰和爱尔兰，姥鲨被人们称作太阳鱼，这主要是因为它们喜欢漂浮在海面上，好像在晒太阳一样。

姥鲨很难闻。如果你在海洋中遇到了姥鲨，那么，你就会闻到一股非常难闻并且刺鼻的味道，这种味道来自姥鲨的身上，这是因为姥鲨的皮肤上会分泌一种很臭的物质，这种物质可以用来抵抗海洋里的寄生动物，具有很强的腐蚀性。

Part 4 鲨鱼庞大的族群

加勒比礁鲨

加勒比礁鲨的体长最大可以达到3米,体重可达90千克。鲨鱼对于人类有一定的危险性,但是并没有听说过加勒比礁鲨袭击人类的报道。加勒比礁鲨属于比较被动的鲨鱼,这种鲨鱼在现实中不会对潜水员、游泳者或其他人构成太大的威胁。

加勒比礁鲨是一种大型鲨鱼,属于肉食性鱼类,主要生活在加勒比海,喜欢居住在珊瑚礁、海洋底部的区域。

加勒比礁鲨的背部呈深灰色或灰棕色,腹部呈白色或浅黄色。它们不仅有极为灵敏的嗅觉、视觉、触觉和听觉,还有可以感应电信号的洛伦氏壶腹。

加勒比礁鲨主要生活在水深不超过30米的浅水区,以硬骨鱼类和海洋无脊椎动物为食。人们经常可以看到它们一动不动地躺在海底。

加勒比礁鲨属于胎生,孕期为12个月,一次可以产下4～6条幼鲨,幼鲨出生时的体长约为70厘米。

巨口鲨

巨口鲨的嘴很大，但是牙齿却十分小，属于滤食性动物，主要以浮游生物和小鱼为食。这种鲨鱼非常稀有，1976年至今只发现60余次。所以，它们的踪影非常罕见，再加上本身属于滤食性动物，对人类来说，几乎没有任何威胁。

巨口鲨的体长为4～5.5米，体重最大可达1吨。巨口鲨的头大，嘴也大，张开的嘴宽约1.5米。牙齿呈须状，嘴的附近有发光器，可以用来吸引猎物。

巨口鲨的体色呈棕黑色，腹部偏白色。不同于其他鼠鲨目的鲨鱼，巨口鲨的吻部较圆润且不明显。巨口鲨主要分布在印度洋、太平洋和大西洋，栖息深度为5～1000米，以栖息于深海居多，所以很少被捕获。它们以磷虾、桡足类动物以及水母为食，也可能捕食小型鱼类。

Part 4 鲨鱼庞大的族群

海洋 Discover 系列　关于鲨鱼的一切

铰口鲨

铰口鲨也称为灰护士鲨、护士鲨，它们属于海洋中行动缓慢的底层生物。尽管铰口鲨属于凶猛的掠食者，但是很少有铰口鲨攻击人类的报道。就算它们攻击人类，也是因为人类挑衅和直接对抗它们时发生的。所以，在大多数情况下，铰口鲨是相对无害和温顺的。

铰口鲨经常出现在热带和亚热带海域，它们的体长约 3 米，体重可达 100 千克左右。铰口鲨外形憨态可掬、性情温顺，所以经常吸引游客们与它们一同玩耍、嬉戏。

铰口鲨之所以也叫护士鲨，一方面，是因为它们的性情比较温顺，从来不主动攻击人类。另一方面，因为它们的头部形状很像一顶护士帽。

铰口鲨在野生环境中偶尔吃一点海藻。它们既可以吃鱼吃肉，也可以吃植物，白天通常躺在沙质海底，还会躲进洞里休息，夜间出来捕食，属于一种比较常见的鲨鱼。

铰口鲨的繁殖方式为卵胎生，每一次都会产下 20 ~ 40 枚卵，因为许多幼鲨会在母体中互相残杀，所以它们的存活率特别低，可以顺利降生的幼鲨通常只有 1 条。

哥布林鲨

哥布林鲨的体长为3米左右，其外表看上去很是吓人，这种鲨鱼属于"活化石"，也被称为吸血鬼鲨鱼。哥布林鲨属于最温柔的一种鲨鱼，相比其他鲨鱼的凶残，哥布林鲨的性情要温和许多。

开动脑筋

除了以上的各种鲨鱼，以下还有哪种鲨鱼对人类来说是无害的？（　　）
A. 大白鲨　　　B. 豹鲨
C. 剑吻鲨　　　D. 柠檬鲨

哥布林鲨主要生活在深海，它们大多出现在270～1300米深的水域中，它们喜欢吃鱼、软体动物和螃蟹，但它们的视力不好。

哥布林鲨之所以脾气很好，是因为它们没有敏锐的反应能力、快速的游动能力，以及凶猛的撕咬能力。

它们游动的速度很慢，牙齿也远远比不上其他鲨鱼的。

Part 4 鲨鱼庞大的族群

海洋 Discover 系列　关于鲨鱼的一切

体型微小的鲨鱼

人们一提到鲨鱼，自然而然就会联想到一个张着血盆大口、牙齿尖锐的庞然大物。其实，并不是所有的鲨鱼都像大家脑海中所浮现的那样巨大，有些鲨鱼也可以小得超乎你的想象。

灯笼乌鲨

灯笼乌鲨生活在 1000 米左右的深海中，与人类本来毫无交集，但是因为科技的发达，才让我们见识到了这种生物。

灯笼乌鲨是在 2015 年新发现的物种，科学家对它们的了解还不够深入。这种鲨鱼有一个最显著的特征，它们的腹部可以在黑暗的海底里发出一闪一闪的光芒，就像一个个小灯笼。

除了发光之外，灯笼乌鲨还可以"隐身"，主要是因为它们全身乌黑，可以在深海黑暗的环境里完美地隐藏自己。

雄性灯笼乌鲨相遇时可能爆发冲突，相互缠绕并炫耀尾棘，当冲突不断升级时，其体表的蓝色会发生改变，并试图用毒刺伤害对方，彼此贴近直到尾棘能教训对手。它们通过炫耀尾棘的方式实现超越前鱼的主导地位，最具主导力的个体通常拥有最大的繁殖区域。灯笼乌鲨属于黑鲛科，这种鲨鱼的体型很小，成年雄性灯笼乌鲨最短的只有不到 30 厘米。

口袋鲨鱼

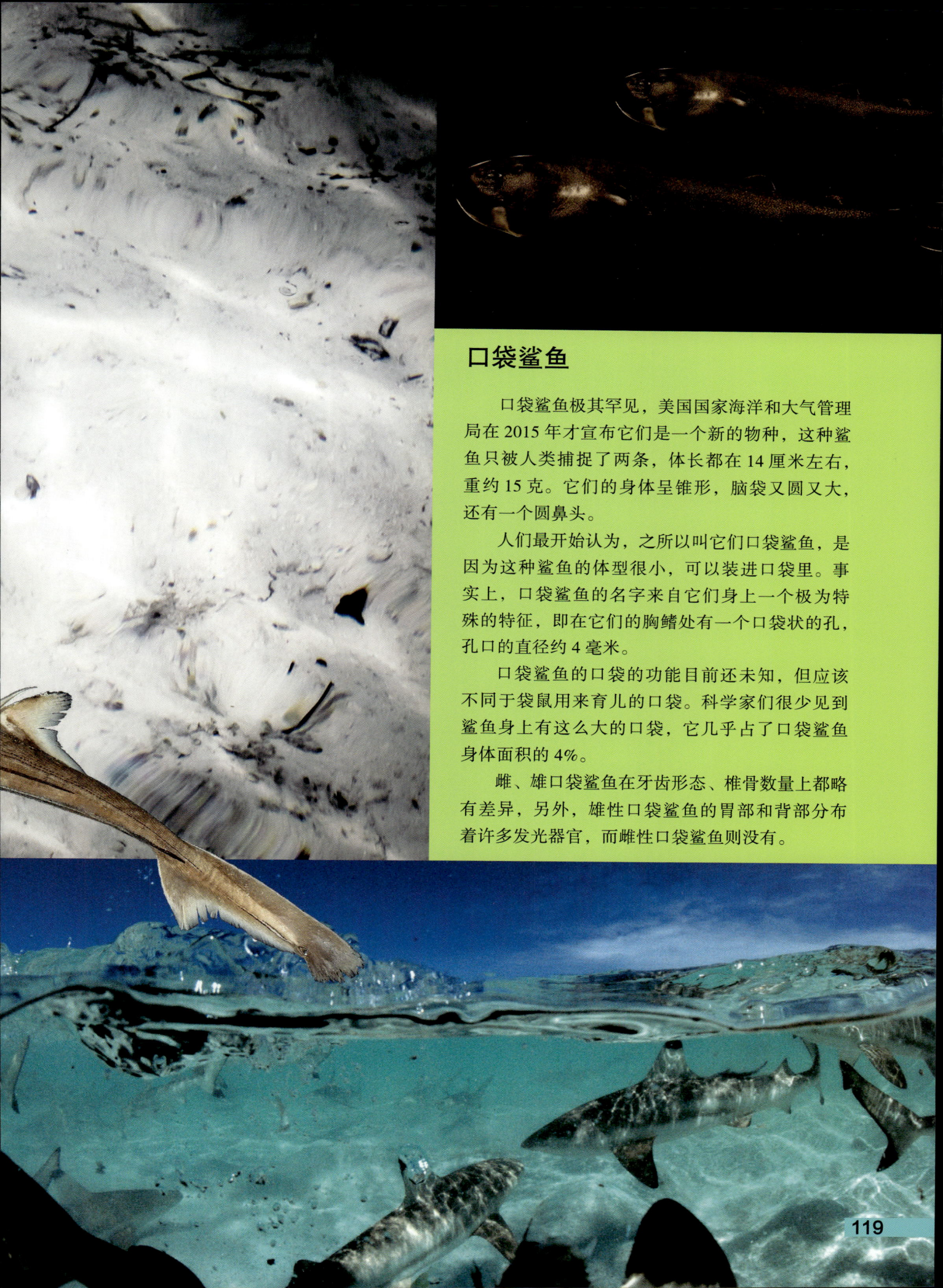

口袋鲨鱼极其罕见，美国国家海洋和大气管理局在 2015 年才宣布它们是一个新的物种，这种鲨鱼只被人类捕捉了两条，体长都在 14 厘米左右，重约 15 克。它们的身体呈锥形，脑袋又圆又大，还有一个圆鼻头。

人们最开始认为，之所以叫它们口袋鲨鱼，是因为这种鲨鱼的体型很小，可以装进口袋里。事实上，口袋鲨鱼的名字来自它们身上一个极为特殊的特征，即在它们的胸鳍处有一个口袋状的孔，孔口的直径约 4 毫米。

口袋鲨鱼的口袋的功能目前还未知，但应该不同于袋鼠用来育儿的口袋。科学家们很少见到鲨鱼身上有这么大的口袋，它几乎占了口袋鲨鱼身体面积的 4%。

雌、雄口袋鲨鱼在牙齿形态、椎骨数量上都略有差异，另外，雄性口袋鲨鱼的胃部和背部分布着许多发光器官，而雌性口袋鲨鱼则没有。

Part 4 鲨鱼庞大的族群

硬背侏儒鲨

硬背侏儒鲨的体长不到 30 厘米，就像它们的近亲灯笼棘鲛一样，硬背侏儒鲨同样也是深海鱼类，平常生活在水深 1200 米左右的深海中，腹部有众多发光器官。硬背侏儒鲨发光的强弱随着环境光线的强弱而随时改变，这样可以让它们完全融合在环境中。

△ 硬背侏儒鲨

很难被发现

硬背侏儒鲨由于常年生活在深海里，很难被人们发现。20 世纪初，人们第一次在菲律宾发现硬背侏儒鲨。科学家根据它们的特征将其归入角鲨目，从此之后，这种鲨鱼也就被人类所知晓。

开动脑筋

你觉得硬背侏儒鲨喜欢吃以下哪种食物？（　　）

A. 乌贼　　B. 章鱼
C. 鲶鱼　　D. 海草

弱小的攻击力

硬背侏儒鲨的攻击力很弱小，它们喜欢捕食乌贼或多骨鱼。由于太弱小，它们常被一些凶猛的鱼类欺负，只能选择逃走或者隐藏起来。

隐藏自己

硬背侏儒鲨很善于隐藏自己，因此可以避开很多海洋生物的攻击。即使是聪明的人类，也很难捕获到它们。硬背侏儒鲨也因为这项躲藏绝技，使它们的种群数量居高不下，成为世界上数量最多的鲨鱼之一。

> **开动脑筋**
>
> 除了硬背侏儒鲨，下面哪种鲨鱼也同样可以发光？（ ）
> A. 雪茄达摩鲨　　B. 扁鲨
> C. 柠檬鲨　　　　D. 猫鲨

参考答案：D

Part 4 鲨鱼庞大的族群

硬棘小鲨

硬棘小鲨的体型十分"迷你",它们的外形十分滑稽,两只眼睛向外突出,脑袋前端还有两个类似鼻孔的存在,而嘴巴却有点像猫咪的嘴巴,呈圆弧形,与我们脑海中的大鲨鱼的样子还是有一定差距的。

硬棘小鲨的体长一般为20厘米左右,相当于一个成年人的两个手掌连接起来的长度。

硬棘小鲨喜欢生活在冰凉的海水中,即使在温带和热带这样温度较高的海洋中,它们还是会待在水深2000米左右的深海里,并以深海里的鱼类和小虾为食。

作为扁鲨目中的一员,它是最具特点的鲨鱼群中的一部分。掠夺成性的格陵兰鲨是它的近亲,除了凶猛外,就体形而言,它几乎与大白鲨完全相同。它的另一个近亲是葡萄牙角鲨鱼,它的栖息地是现有鲨鱼中最深的,曾在3000多米的深度被捕获。

硬棘小鲨属于深水动物,它们是极少数可以发出生物光的鲨鱼,它们的腹部可以发出光亮,目的是吸引它们能捕食的小生物。

海洋万花筒

斯托特微型鱼又叫胖婴鱼，它们是世界上体型最小、体重最轻的一种鱼类。这种鱼雄性平均体长仅 7 毫米，雌性平均体长大约为 8.4 毫米，估计再小的鱼钩，对它们来说都无法下咽。胖婴鱼外形细长，看起来像条小虫子，它们无鳍、无齿、无鳞。

开动脑筋

1. 下面哪些物种可以在深海中发光？（ ）
   A. 蛤蟆鱼　　　B. 扁鲨　　　C. 鱿鱼

2. 作为硬棘小鲨近亲的葡萄牙角鲨鱼，它维持着目前鲨鱼中栖息深度的纪录，有一些葡萄牙鲨鱼曾在（ ）米左右的深层海域被捕捉。

   A. 1000　　　　B. 3000
   C. 5000　　　　D. 10000

参考答案：1. A　2. B

Part 4 鲨鱼庞大的族群

海洋 Discover 系列 关于鲨鱼的一切

长尾巴鲨鱼

在海洋中,生活着一些尾巴极长的鲨鱼,它们都属于长尾鲨科,我们统称为长尾鲨。这些长尾鲨正如其名字一样,长着一条长长的尾巴,这也是它们最醒目的特征之一。

深海长尾鲨

深海长尾鲨属于长尾鲨科的一种。这种鲨鱼属于大中型鲨鱼,主要生活在浅海上层或水深 150 米左右的温暖水域及沿海水域。人们时常会在岸边、进入陆地的浅水区发现它们的踪影。

深海长尾鲨善于利用自己长长的尾巴来拍晕猎物，主要捕食群游的鱼类以及头足类动物，如金枪鱼、无须鳕、鲱鱼及比目鱼的幼鱼。它们还以鱿鱼和各种甲壳动物为食。

深海长尾鲨的体长大约为4米，体形粗大，呈圆筒形。腹部比较平坦，尾巴较长，呈长镰刀状。有两个背鳍，第一个背鳍呈三角形，第二个背鳍较小。它们的背面是灰鼠色。第一个背鳍后缘、胸鳍和腹鳍色稍暗，呈深灰色或暗黑色。

深海长尾鲨主要分布在世界各温带及热带海域，主要包括古巴、葡萄牙、安哥拉、南非以及澳大利亚西北部、新西兰、日本南部和我国台湾等沿海的热带水域。

深海长尾鲨似乎没有专门繁殖的季节，因为通过观察发现，它们一年四季都在繁殖。

深海长尾鲨的繁殖方式为卵胎生，胎儿在母体中有自相残杀的习性，孕期为12个月，每次产下2～4条幼鲨。刚出生的幼鲨体长为64～106厘米。

海洋万花筒

长尾鲨虽然是一个全能型的杀手，牙齿到尾巴都能当武器来用，但它们也像大部分鲨鱼一样，因为人类的过度捕捞而数量明显下降。

Part 4 鲨鱼庞大的族群

狐形长尾鲨

狐形长尾鲨经常成群结队地进行捕猎。和深海长尾鲨一样,狐形长尾鲨同样是用尾巴拍晕猎物。它们主要生活在全球的热带和冷温水域,人们通常在远离海岸的地方看到它们的踪迹。它们栖息的最大深度可以达到550米。主要以鱼类及鱿鱼为食,偶尔也会捕食海鸟。

狐形长尾鲨的身体呈黑褐色,腹部呈浅褐色,第一背鳍后缘、第二背鳍上部、臀鳍上下部、腹鳍和胸鳍外角都为淡色。弧形长尾鲨主要分布于印度洋、太平洋和大西洋的温带和亚热带海域。

狐形长尾鲨的繁殖方式为卵胎生,也有胎儿在母体内互相残杀的习性。一般1~2年繁殖一次,每一次产下2~4条幼鲨。

刚出生的幼鲨体长为1.5米左右。性成熟年龄为13岁,最长寿命为38岁。

浅海长尾鲨

浅海长尾鲨体长3米左右，身体呈黑褐色，腹部呈浅褐色，背鳍、尾鳍下叶、腹鳍、胸鳍边缘都呈细狭黑褐色。它们喜欢栖息在海水表层，有时候也会栖息在比较凉爽的海岸附近。它们的性情比较温和，并且善于游泳。如同深海长尾鲨和狐形长尾鲨一样，浅海长尾鲨也是以捕食鱼类为主，特别是鲱鱼、飞鱼和鲭鱼。

海洋万花筒

浅海长尾鲨可以通过自身特殊的循环系统，将体温升高到周围水温之上，这种循环系统叫作视黄质，它是一个通过小动脉而组成的网络，并通过鳃毛细血管、冷却的动脉血输送出去，从而保持体温。这些小动脉贴近有温暖血液的静脉，热量通过静脉传送到动脉血液里，然后再循环回组织和器官中。这个循环系统可以让浅海长尾鲨生活在冷水中，并且利用肌肉让其发挥作用，从而加快游泳的速度。

浅海长尾鲨主要分布在印度洋和太平洋，西起红海、东非，东至加拉帕戈斯群岛、加利福尼亚海湾，北至日本，南至澳大利亚、新喀里多尼亚。浅海长尾鲨属于卵胎生，每次产下至少两条幼鲨。幼鲨刚出生时，体长约1米，性成熟年龄为8岁。

Part 4 鲨鱼庞大的族群

海洋 Discovery 系列　关于鲨鱼的一切

大尾虎鲨

大尾虎鲨的尾鳍很长，几乎占到了体长的一半。成年大尾虎鲨的身体呈黄褐色，具有许多深色斑点，腹部淡色。大虎尾鲨主要分布在西太平洋区域，西起红海、东非，北至日本南部，南至澳大利亚的新南威尔士州、新喀里多尼亚。

开动脑筋

大尾虎鲨在中国被称为什么？（　　）
A. 豹纹鲨　　　B. 鼠鲨
C. 斑纹鲨　　　D. 条纹鲨

大尾虎鲨栖息于大陆架与岛屿棚的沿岸，属于近海大型鲨鱼，喜欢待在泥砂底、石砾底、礁石区、珊瑚礁区等。

大虎尾鲨属于夜间活动的类型，白天行动比较迟缓，身体较细，习惯穿梭于礁石、岩洞之间。它们主要以软体动物为食。容易被激怒，具有一定的潜在危险性。

长尾鲨的好帮手

长尾鲨虽然性情凶猛，但它却与漱鱼有良好的关系。长时间的捕食容易导致长尾鲨身上长有寄生虫，这时，漱鱼就会时常为它们清理身体，咬去它们身上的死皮和寄生虫，并以此为食。

长尾鲨与众不同的武器

长尾鲨的性情非常凶猛，是名副其实的全能杀手，它们的牙齿和尾巴都能当作武器使用。长尾鲨捕食时，不仅会用尾巴攻击猎物，还会利用尾巴把鱼群驱逐到浅水区，然后挥舞着鞭子般的长尾巴猛烈击水，使鱼儿吓作一团，甚至失去知觉。这时，长尾鲨就会趁虚而入，美美饱餐一顿。

鲨鱼的亲戚们

鳐鱼、蝠鲼、𫚉鱼都属于鲨鱼的表亲，它们的总称为鳐形总目，简称鳐类。这一类鱼都生活在海底，与鲨鱼一样，它们都拥有软骨骨骼，身体较为扁平，并且它们的鳃都长在身体下方。宽大的胸鳍从它们的头部一直向后展开，与身体连为一体，就像一对翅膀。这副胸鳍可以帮助它们捕食蛤蜊、小虾等。有的鳐鱼的体色是单调的灰色或棕色，有的则拥有许多条纹、斑点或零零散散的小点。虽说这种鱼类算是一类很奇特的生物，但它们在海洋中却十分常见。

鳐鱼

鳐鱼又称"平鲨"，虽说样子和大多数鲨鱼相去甚远，但它们是鲨鱼的近亲。鳐鱼同鲨鱼一样，都没有鱼鳔。当鳐鱼在海里游动时，主要靠胸鳍来做波浪状摆动前进。

外形特征

鳐鱼的身体比较扁平，眼睛位于头部的上方，有利于它们观察水面的情况。鳐鱼的嘴和鳃裂都长在身体下方，有利于它们取食。它们的头与身体没有界限，身体周围长着一圈宽大的胸鳍，整个身体就像一把巨大的蒲扇。鳐鱼的尾部都长着毒刺，尾鳍像一条又长又细的鞭子。

生态习性

鳐鱼本身并不凶残,并且也不会主动攻击人类。不过,因为大多数鳐鱼都喜欢在海底游动,如果潜水者一不小心惊扰了它们,鳐鱼就会利用自身的尾鳍刺向侵犯者。一旦被它们那坚硬、有毒的尾鳍刺中,伤口便会疼痛难忍。若抢救不及时,还会有生命危险。

电子感应系统

鳐鱼的鼻子下方有一个电子感应系统,这个系统与神经细胞相互连接。鳐鱼可以利用自身的电子感应系统搜索猎物。它们的食物选择会因为年龄的变化而变化。小鳐鱼比较喜欢吃海底生物,如龙虾、蟹。成年以后,鳐鱼倾向于捕猎乌贼等软体动物。当它们在捕食的时候,会埋伏在海底,并且可以通过自身特殊的闭口呼吸法避免吸入海底的泥沙。

家族成员

鳐鱼有很多种类,全世界范围内一共发现 100 多种。蝠鲼和电鳐都属于鳐鱼。线板鳐是最大的一类鳐鱼,当它们的胸鳍展开后,可以达到 8 米长,线板鳐能飞一般地在海中遨游。中国的鳐鱼主要生活在东海和南海。冲绳是鳐鱼的重要聚居地之一,那里已经被列为一个参观景点,水族馆设有专门的区域,供人们近距离观赏鳐鱼。

Part 4 鲨鱼庞大的族群

海洋 Discover 系列　关于鲨鱼的一切

圆犁头鳐

圆犁头鳐的头部是鳐类的头部,但它们的尾巴却是鲨鱼的尾巴,整体样子看上去像一把吉他。圆犁头鳐的背部分布着许多小小的凸起的刺。它们喜欢居住在海底,通常用自己一排排锋利的牙齿来咬碎甲壳动物和软体动物的硬壳。

加州电鳐

加州电鳐的头部位置有两个比较特殊的器官。这两个器官可以产生电流,能将猎物毫不费力地电晕,往往还没等猎物醒来,加州电鳐就已经将这些猎物吞食了。

形态各异

鳐鱼基本有圆形或心形的圆盘,魟鱼、蝠鲼长着一条鞭子一样长长的尾巴。许多魟鱼、蝠鲼还长着利刺,用来抵御敌人。犁头鳐和锯鳐有扁平的头部和鲨鱼的尾巴。蝠鲼的圆盘可以长达7米左右,锯鳐的可达6米,其他的则相对较小,有的甚至还没有一个碟子大。

粗背鳐

粗背鳐身体的表面有结块,并且纹路像补丁一样,因此而得名。这种鱼通常生活在水温相对较低的水域,它们喜欢长时间地将自己的身体掩埋在沙子里。

132

栉齿锯鳐

栉齿锯鳐的嘴巴和鼻子处有许多非常锋利的小牙齿，其作用是搅动水里的沉淀物，并且将小型猎物拍晕，然后进食。个别的栉齿锯鳐的口鼻部分的"小锯"上有多达 34 对栉齿。

纳氏鹞鲼

纳氏鹞鲼俗称斑点鹞鲼，它们主要栖息于热带海域的浅海中。纳氏鹞鲼主要用自身突出的鼻端，将埋在沙石里的虾蟹和其他食物搅动并食用。它们的尾巴最长可以达到 2.5 米。

海洋万花筒

包括锯鳐、犁头鳐在内的一些鳐科鱼类都有背鳍和尾鳍，所以它们的外观和鲨鱼比较相似。其他种类，如牛鼻鲼和蓝斑条尾魟等，它们都没有尾鳍，鲼科鱼类往往要比魟科鱼类有更明显的头部。

蝠鲼

蝠鲼虽然体型庞大，但它们的行动却非常优雅。因为它们的头部有一对角，所以人们称其为"魔鬼鱼"。双吻前口蝠鲼属于体型比较大的一种蝠鲼，它们的双翼展开以后可以达到6米长，体重可以达到3吨。

生态习性

虽然蝠鲼体型较大，并且有一张血盆大口，但它们却是一种对人类无害的海洋生物。它们甚至允许潜水者靠近。蝠鲼展开双翼在海里滑行的时候，场景十分壮观。当它们进食的时候，会张大嘴巴游到浮游生物群里，两片肉质的头鳍会将海水吸入口腔，然后再通过鳃部排出去。蝠鲼的鳃部有刷毛，它们可以借助刷毛将浮游生物过滤出来，然后再吞食掉。

清洁

蝠鲼生活在热带海域，它们多半栖息在海岸附近，因为那里的海水较浅。蝠鲼会定期来到礁石附近的"清洁站"，通过清洁鱼去除它们身上、口腔以及鱼鳃里的微生物。

偷渡客

蝠鲼为了觅食，往往会游上一大段距离。在这一段路途中，鮣鱼会一直跟随着它们，并吸附在蝠鲼的身上，捕食它们皮肤上的寄生物。不过，一旦这种"乘客"过多，蝠鲼就会在水中快速地游动，并形成庞大的力量，以此跃出水面2米多高，甩掉吸附在身上的鮣鱼。

银鲛

银鲛是鲨鱼和𫚉鱼的近亲，它们没有硬骨，浑身上下的骨骼都是由软骨组成的。银鲛喜欢比较寒冷的水域，不喜欢浅滩，喜欢深海。一般来说，银鲛栖息于200～2000米深的海域。它们的上颚往往有特殊的形状，看起来像鹦鹉的喙。不过，与鲨鱼和𫚉鱼不同的是，银鲛的鳃和硬骨鱼的一样，都有鳃盖。

叶吻银鲛

叶吻银鲛的嘴像象鼻一样，里面有十分敏锐的感官。叶吻银鲛可以通过嘴在海底找到各种蠕虫、蟹类和其他生物。

长吻银鲛

长吻银鲛的鼻子就像一根灵活的天线，可以探测到蟹或者其他生物产生的电场。

开动脑筋

兔银鲛皮肤光滑，背部还有一根危险的毒刺。它们因为有一条细长的尾巴，所以又被叫作什么？（　　）

A. 老鼠鱼

B. 魔鬼鱼

C. 鮣鱼

Part 4 鲨鱼庞大的族群

海洋 Discover 系列　关于鲨鱼的一切

穿越历史的鲨鱼

鲨鱼称霸海洋的时间是所有顶级掠食者中最悠久的，它们主宰海洋的时间达到了 4 亿年。恐龙时代，现代鲨鱼们的祖先就已经在海洋中畅游了。一些鲨鱼化石向我们展示了这些鲨鱼的神秘之处，它们不仅有奇怪的、弯曲螺旋状的牙齿，还有巨大的硬骨脊椎，以及其他较为独特的身体结构。如今，几亿年过去了，很多古代鲨鱼早已经灭绝了，一些新的种类也慢慢地进化、产生，逐渐形成了今天我们眼中的顶级掠食者。鲨鱼拥有敏锐的感官、可以伸缩的颌部，以及流线型的身体等，这些都构成了它们称霸海洋的利器。

石炭纪的鲨鱼

胸脊鲨的样子十分古怪，它们背部第一个背鳍顶端有一个像硬毛刷一样的东西，科研人员研究后认为这个东西可能用来交配。

泥盆纪的鲨鱼

裂口鲨属于最早的、有戟齿的鲨鱼之一。裂口鲨的牙齿上长着钉子一样的尖头，嘴巴长在鼻子的前端，尾鳍呈月牙形。它们也是海洋里的游泳健将。

二叠纪的鲨鱼

旋齿鲨在它们的下牙和下颌的末端有一个弯曲的环状物,这个环状物上长满了牙齿,样子十分奇怪。它们的体长可以达到6米。

侏罗纪的鲨鱼

弓鲛的样子就像金枪鱼和鲨鱼的一种合体。它们的背鳍前面有一个特别健壮的脊柱,上面还有牙齿,前面的一个背鳍比较锋利,后面的一个比较圆滑。

现代鲨鱼

长鳍真鲨的历史可以追溯到4500万年前。与其他现代鲨鱼一样,长鳍真鲨的颌位于头部下端,它们的牙齿虽然极为锋利,但是里面只有一个髓腔。

海洋万花筒

鲨鱼坚硬的牙齿化石非常有价值,因为它们被埋在泥沙里,不会被腐蚀。通常,科学家需要借助一些小块的化石才能猜测和推断出古代鲨鱼的样子。因此,鲨鱼的骨骼化石更加珍贵了。

海洋 Discover 系列　关于鲨鱼的一切

Part 4 鲨鱼庞大的族群

最早的鱼类

海洋中最早的鱼类其实并不是鲨鱼，而是一种没有颌的生物。早期的鲨鱼很可能是腔鳞鱼类，虽说它们没有颌，但它们也和鲨鱼一样，身上有盾鳞。至今为止，人们还不知道有颌的鱼类究竟是什么时候才出现的。但是，大陆上出现动植物的时候，海洋中就已经生活着大量的、有着锋利牙齿，并且可以随意捕获猎物的鲨鱼了。

奥陶纪

无颌鱼类就是最早的脊椎动物，这个时期的无颌鱼类已经开始多样化，有颌的鲨鱼也慢慢形成。通过人们的研究和推论，认为有颌的鲨鱼很可能是从腔鳞鱼类进化而来的。

志留纪

这时期出现了最早的硬骨鱼和陆地上生长的动植物。陆地上的生命繁衍的时候，海洋中已经出现了长有利刺的硬骨鱼类，它们与鲨鱼一起，在海洋中遨游。

泥盆纪

这个时期的鱼类越来越多，最早的昆虫以及两栖动物逐渐出现了。一些现代鲨鱼的祖先就像已然灭绝的古栉棘鲨一样，它们的背鳍上都长着棘刺。

石炭纪

这个时期算是鲨鱼的鼎盛时期，同样也是爬行动物开始出现的时期。有一种嘴长得像剪刀一样的鲨鱼，在这一时期频频出现，但是没有人知道这种鲨鱼是如何进食和利用它们的剪刀嘴的。

寒武纪

三叶虫慢慢进化，形成了甲壳动物和无颌鱼类，它们的样子就像现在的臭虫一样，只不过它们的体型很大，可以长到60厘米左右。

二叠纪

这个时期的陆生和海生动物开始大规模地灭绝。一些长得像鳗鱼一样的鲨鱼，如异刺鲨就生活在二叠纪时期的河流里。这一时期，异齿龙生活在陆地上。

139

Part 4 鲨鱼庞大的族群

三叠纪

三叠纪时期，早期恐龙、哺乳动物以及海生爬行动物慢慢地出现了。幻龙是一种有着蹼状脚趾、针形牙齿的爬行动物，它们能在海洋中捕食鱼类。

侏罗纪

这个时期，开始出现最早的现代鲨鱼和魟鱼，大量的海洋生物开始灭绝。魟鱼有可能是一种身体比较扁平的鲨鱼进化来的。

白垩纪

大西洋锥齿鲨以及一些现代鲨鱼在白垩纪时期开始慢慢出现，最早的鸟类也出现了。这个时期，陆地上被霸王龙和其他恐龙所统治，而海洋里最强大的霸主则是白垩刺甲鲨，它们属于大白鲨的近亲。

新生代

这个时期的哺乳动物、鸟类以及各种植物开始越来越多、各式各样。巨大的巨齿鲨开始统治海洋,而陆地上开始慢慢出现人类的踪迹。

奇闻逸事

2010年,一位来自美国芝加哥德保罗大学的考古学家在美国堪萨斯州蒂普顿附近的一座牧场发现并发掘了远古鲨鱼的化石。尽管这具鲨鱼骨骼在很大程度上是不完整的,而且缺少头部,但通过鲨鱼脊椎骨的生长情况,专家们推断这种鲨鱼可达到6.8米长,更有意思的是,该鲨鱼出生时就达到1.2米,由此可以看出,在母体中互相残杀的幼鲨,很有可能就是在白垩纪时期进化出来的。

Part 4 鲨鱼庞大的族群

远古的鲨鱼

通过研究鲨鱼的化石骨骼及牙齿发现，鲨鱼的历史已经超过4亿年。科学家们发现，早在远古时期，鲨鱼就已经拥有了灵活的由软骨组成的骨骼，它们还有不断更替的牙齿。但是，它们并没有鱼鳔。

以这些远古鲨鱼为基本模型，逐渐演化成了我们现在所看到的、具有时代特征的现代鲨鱼。这些鲨鱼在3.5亿年以前就开始在海洋里畅游了。陆地上的恐龙在距今6500万年前就灭绝了，但是鲨鱼却在那场浩劫中幸存下来。

巨齿鲨

巨齿鲨是从古至今体型最大的一种鲨鱼，它们生活在距今1500万～200万年之前。根据古生物学家们的研究和推断，巨齿鲨的体长可达20米，重达90吨，它们是有史以来最大的掠食者之一，同时也是体型巨大的鱼类。巨齿鲨的咬合力很大，可以轻易咬碎一辆小轿车。它们的撕咬能力甚至超过了霸王龙。

形态特征

因为鲨鱼全身的骨骼都是由软骨组成的，所以很难留下化石。截至2013年，科学家仅仅发现了几块巨齿鲨的牙齿和脊椎化石。巨齿鲨的牙齿一般长10～16厘米，最长的可以达到20厘米，是大白鲨牙齿的好几倍长。

生活习惯

巨齿鲨可以捕杀海洋中的任何生物，但它们更喜欢捕食鲸类。成年的巨齿鲨喜欢在海洋中猎食，而幼年的巨齿鲨则喜欢待在比较靠近岸边的海域。巨齿鲨作为几乎无敌的顶级掠食者，大约只有当时的梅尔维尔鲸可以与之相匹敌。

捕食方式

巨齿鲨在捕食猎物的时候，喜欢从其下方攻击。它们可以短时间内快速地游动。当遇到一些大型的猎物，巨齿鲨可能会首先攻击对方的尾鳍，让对方失去游动的能力，然后再进行猎杀。为了不让自己受伤，巨齿鲨会在首次攻击猎物之后暂时撤退。它们会观望一阵子，再展开更进一步的猎杀。如今的大白鲨也是沿用了这种捕食方式。

海洋万花筒

巨齿鲨作为历史上最强大的掠食者，它们在距今 200 万年前已全部灭绝。有的观点认为，是因为海水变冷加上食物减少，让繁盛的巨齿鲨群体一点点走向了灭绝的道路。

Part 4 鲨鱼庞大的族群

胸脊鲨

胸脊鲨又叫胸棘鲨或齿背鲨，它们生活在距今约 3600 万年前的泥盆纪晚期至石炭纪早期。它们主要以鱼类、甲壳类和头足类动物为食。胸脊鲨的背部有一个十分怪异的背鳍，就像一把圆形的毛刷。这种特殊的背鳍只有在雄性身上才会看到，所以，有人认为这种背鳍可能是性炫耀的一部分。作为一种大型的肉食性鲨鱼，胸脊鲨如今已经灭绝。

外形

胸脊鲨的体长为 1～2 米，它们的外形很像铁砧。它们的头部和背鳍长满了细小的棘，这些棘就像现代鲨鱼盾鳞的放大版。

背鳍

有学者认为，胸脊鲨的背鳍有求爱的作用，而另有一些人则认为它们是用来自卫的。

裂口鲨

裂口鲨生活在距今4亿年前，属于最古老的鲨鱼之一。它们的身体结构代表了软骨鱼最原始的形态，后期的鲨鱼就是在它的基础上慢慢进化发展的。裂口鲨的化石发现于美国伊利湖南岸、晚泥盆纪的格利夫兰黑色页岩中。

大眼睛

裂口鲨的身体呈流线型，尾巴呈深叉形，因此游泳能力十分出色。裂口鲨的眼睛很大，对海域环境有很强的适应能力。

外貌

裂口鲨的外貌和现代鲨鱼有很多相似的地方，它们的体长为1～2米，牙齿中有一个高齿尖，其两侧各有一个低齿尖。可能有6对鳃裂，吻部不是很突出。

直裂缝状的嘴

现代鲨鱼的嘴通常是横裂缝状的，然而裂口鲨的嘴却恰恰相反，它们是直裂缝状的。裂口鲨的颚骨关节与如今的鲨鱼相比脆弱许多，但它们有更强壮的腭部肌。

牙齿

裂口鲨的牙齿有很多尖峰，而且边缘光滑，适合咬住猎物。一些专家研究后发现，它们很有可能是通过尾巴包围猎物，然后将其整个吞下。

Part 4 鲨鱼庞大的族群

旋齿鲨

旋齿鲨因为它们的牙齿而得名。它们的牙齿从大到小，内卷成环状螺旋形，看上去十分吓人。自从发现了旋齿鲨牙齿的化石，旋齿到底位于哪个部位就成了争论话题。因为迄今为止，还没有哪一种鲨鱼或其他脊椎动物有这样极为特殊的旋齿。

巨大的体型

研究人员通过对化石的埋藏层位研究得知，旋齿鲨大约生存于二叠纪至三叠纪时期的海洋中，它们的体长可以达到15米。通过它们的结构可以推断出，旋齿鲨可能是吃带硬壳的无脊椎动物，下颌当中的齿列用来切断较大的食物。旋齿鲨可能在第三次物种大灭绝中消失。

奇闻逸事

远古的鲨鱼和如今的鲨鱼一样，全身骨架都是由软骨构成的。让人遗憾的是，在鲨鱼死后，它们的软骨会迅速地分解，能成形的骨骼十分罕见。所以，鲨鱼的化石相当稀少。

重要标志

旋齿鲨的化石广泛发现于美洲大陆，以及非洲附近的二叠纪地层中，旋齿鲨被认为是全球这一时期地层划分对比的重要标志化石之一。

开动脑筋

除了本节所提到的远古鲨鱼之外，以下哪种鲨鱼也属于灭绝了的远古鲨鱼？（　　）

A. 剪齿鲨　　B. 锥齿鲨
C. 虎鲨　　　D. 猫鲨

Part 4 鲨鱼庞大的族群

海洋 Discovery 系列　关于鲨鱼的一切

稀有的鲨鱼

大多数鲨鱼都生活在温带或热带地区的水域。它们在海洋里游弋，人们通常都能看到它们的身影。但是，也有一些稀有的种类藏匿在深海之中，人们很难发现它们的踪迹。比如，在海底生活的皱鳃鲨，外形就像一条鳗鱼，只在深海里活动；还有格陵兰睡鲨，一生都处在半梦半醒的状态，饿了就吃，饱了就漫无目的地四处转，仿佛梦游一般。

格陵兰睡鲨

大多数鲨鱼都生活在温带或热带地区的水域，但是，也有几种鲨鱼喜欢生活在寒冷的环境下。格陵兰睡鲨就喜欢冰冷的环境，它们生活在斯堪的纳维亚半岛、大不列颠群岛以及格陵兰岛附近的海域。有时候，人们也称这种鲨鱼为"冰鲨"。

深海游弋

格陵兰睡鲨属于深海鱼类，它们是世界上最长寿的脊椎动物。它们的体温很低，几乎接近冰点。由于身体里的组织长期处于寒冷的状态，它们体内的化学反应非常慢，代谢也十分缓慢，这也是它们得以长寿的秘密。

庞然大物

格陵兰睡鲨主要生活在北大西洋，是现存鲨鱼中最大型的鲨鱼之一，它们体长甚至超过 7 米，体重超过 1 吨。人类观察到的格陵兰睡鲨多数体长为 2.4～4.8 米。

百岁寿星

格陵兰睡鲨很长寿，最少也能活到 272 岁，而最多可以活到 500 岁，是脊椎动物中最长寿的。格陵兰睡鲨要到至少 156 岁才能达到"性成熟"，也就是说，人类已经活了几代人之后，格陵兰睡鲨才刚刚长大……

奇闻逸事

关于格陵兰睡鲨还有一种传闻，那就是它们吃北极熊，这是因为在解剖的格陵兰睡鲨尸体中发现了北极熊的骸骨。

Part 4 鲨鱼庞大的族群

皱鳃鲨

皱鳃鲨的外形非常像鳗鱼，它们拥有上百颗尖锐的牙齿。皱鳃鲨的咬合力十分惊人，可以轻易地咬碎一些中小型海龟的壳。皱鳃鲨主要生活在大陆架外缘，以及大陆坡的上部。它们是一种深海栖居物种，因为生活在海底，所以在海面上几乎看不到皱鳃鲨的身影。

蜥蜴般的头

皱鳃鲨的头部呈蜥蜴状，也似蛇类，在许多古老神话中被称为海蛇一样的海怪，被列入十大深海未知恐怖生物之一。

强大的感知力

皱鳃鲨之所以稀有，不仅仅是因为它们生活在海底，主要原因是它们的感知系统。皱鳃鲨的感知能力很强大，可以使用它们的侧线和触觉来导航和感知海底的轮廓，这样可以有效地躲避有危险性的生物。

对振动很敏感

皱鳃鲨对声音和振动非常敏感，而这种敏感的范围可以覆盖上千米。比如，渔民经常使用机器式鱼钩，在鱼钩弹射进入海水里的一瞬间，皱鳃鲨几乎能第一时间感知出来。

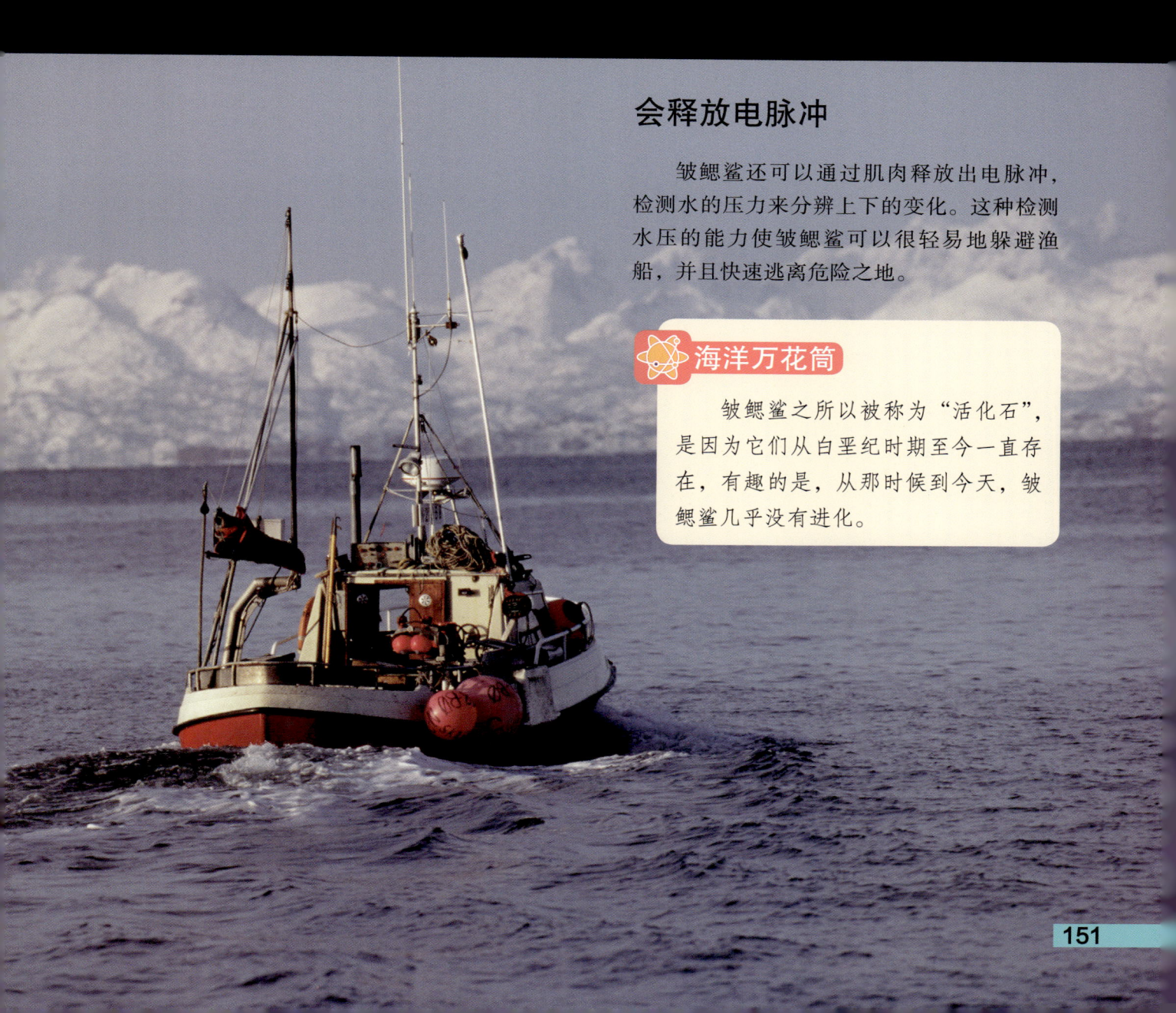

会释放电脉冲

皱鳃鲨还可以通过肌肉释放出电脉冲，检测水的压力来分辨上下的变化。这种检测水压的能力使皱鳃鲨可以很轻易地躲避渔船，并且快速逃离危险之地。

🌊 海洋万花筒

皱鳃鲨之所以被称为"活化石"，是因为它们从白垩纪时期至今一直存在，有趣的是，从那时候到今天，皱鳃鲨几乎没有进化。

Part 4 鲨鱼庞大的族群

砂锥齿鲨

砂锥齿鲨十分凶猛，主要分布在暖温带和热带水域。在通常情况下，人们可以在深海的一堆岩石中间发现它们，这是它们主要的栖息地。但它们偶尔也会被发现于浅水中。这种鲨鱼至少可以长到4米长，它们对人类没有危害。

带纹长须猫鲨

带纹长须猫鲨是一种生活在南非沿海水域的猫鲨。它们有一个小脑袋和两个背鳍，它们在感到害怕或受到威胁时就会蜷缩起来，用尾巴遮住头部，像一只小水獭一样。

巴哈马锯鲨

巴哈马锯鲨生活在巴哈马群岛海域。人们对这种鲨鱼知之甚少，因为它们很少见，它们有一个平坦、锯状的鼻子，长度约为体长的1/3。

开动脑筋

以下哪种鲨鱼可以生活在淡水里？

(　)

A. 恒河鲨　　B. 长尾鲨
C. 猫鲨　　　D. 扁鲨

答案：A

奇闻逸事

"天使鲨"与其他鲨鱼、鳐鱼等一同被评为全球濒危物种。作为一种特别珍贵的鲨鱼，它们处于生命树的一个共同分支的末端。

海洋万花筒

口袋鲨鱼直到2015年才确定是一个新鲨鱼物种，这是因为它们的数量极其稀少，并且很难被发现。到目前为止，这种鲨鱼仅仅捕捉到两条，一条雌口袋鲨鱼在1984年被发现于东南太平洋，一条雄口袋鲨鱼2010年在墨西哥湾被捕获，这两条口袋鲨鱼是全世界仅有的两个样本。

Part 4 鲨鱼庞大的族群

濒危物种

世界自然保护联盟密切监视着鲨鱼所面临的威胁，一些极危的鲨鱼已经面临着灭绝的危险。而那些被列入濒危的、易危的鲨鱼也同样面临着威胁。在已知的400多种鲨鱼中，已经有100多种鲨鱼面临着灭绝的危险。

鲸鲨

鲸鲨几乎没有天敌，它们数量减少的主要原因是人类的过度捕捞。人们主要食用被捕捞上来的鲸鲨的肉，有时也会将它们的鳍割下，以制作鱼翅。鲸鲨在一些地方虽然不是捕捞对象，但也会被误捕。

姥鲨

1950—1993年，姥鲨在全球范围内的数量下降了80%。科学家对姥鲨种群的生存状况异常担忧。这主要是因为它们的种群数量一直没有增长。人们在以前还看到过数百条甚至数千条姥鲨聚集在一起的场景，然而从1993年起，就再也没有人看到过超过3条的姥鲨种群。

双髻鲨

双髻鲨因为人类的大量捕杀，其生存状况岌岌可危。双髻鲨被捕杀的原因是人类对鱼翅的需求。以太平洋美洲海岸的科特斯海为例，每年都会有数千头双髻鲨遭到捕杀，那里曾经是观察双髻鲨的最佳地点之一。

扁鲨

扁鲨最早在古希腊时期就已经成为人类的食物了，并且它们还被当成鲛鳒而贩卖到欧洲。到了20世纪，随着渔业的不断发展，扁鲨的数量也大幅度减少。扁鲨在一些地区已经灭绝了，剩下的扁鲨也因为繁殖率低而面临灭绝。世界自然保护联盟因此将它们列为极危物种。

鼠鲨

鼠鲨在世界范围内都被看成濒临灭绝的物种，在大西洋东北部，鼠鲨因被过度捕杀而成为"脆弱"物种。一直到了20世纪中叶，挪威、丹麦和瑞典都还在欧洲水域大量捕杀鼠鲨，捕获量在1947年达到顶峰。

Part 4 鲨鱼庞大的族群

来自人类的威胁

在茫茫的大海之中，虽说鲨鱼有顶级掠食者的名号，但它们的处境却越来越危险。每一年，一些商业渔船都会带着渔网和打捞器出海捕捞鲨鱼，每年会捕捞近亿条鲨鱼，并且还有接近 7000 万条鲨鱼因为被割掉了鳍部而慢慢死去。人类的活动毁坏了珊瑚礁和红树林浅滩，随着这些地方逐渐消失，鲨鱼宝宝们也失去了赖以生存的家园。更糟糕的是，大多数鲨鱼要长到 10～20 岁才可以交配，并且繁衍下一代，对鲨鱼来说，这是一个非常严峻的问题，这意味着鲨鱼的死亡数量，要远远超过它们繁殖的数量。因此，鲨鱼就会不断地减少，而这也必然会让海洋的生态平衡遭到破坏。

渔网

一些商业渔船经常使用尼龙网捕捞鲨鱼，这种网可以一直延伸 50 千米长。很多鲨鱼因为看不到这种致命的网而被困在其中，只能等待死亡。被捕捉的鲨鱼不是被拖到甲板上杀死，就是被割掉鳍，然后扔回大海。被割掉鳍的鲨鱼虽然还活着，但是它们失去了游泳的能力，只能沉入海底，最终在伤痛中无助地死去。而人类，尤其是一些亚洲国家的人，会把鲨鱼的鳍加工成药材或汤羹进行高价售卖。因此，一个鲨鱼鳍，就是一条鲨鱼的生命。

污染产生的毒素

最好不要吃鲨鱼，因为鲨鱼处于海洋食物链的顶端，它们体内会囤积大量的毒素，如对人体有害的汞。而这些毒素多是由人类将污水排入大海后逐渐累积起来的。有的毒素还来自轮船上的保护涂层。受到严重污染的海洋给鲨鱼造成了非常严重的伤害，因为这些有毒物质会导致鲨鱼的免疫力下降。

幼鲨

幼鲨需要一个安全稳定的成长环境，只有这样，它们才可以顺利成长。为了不让幼鲨被别的鲨鱼吃掉，怀孕的雌性鲨鱼会游到较浅的海湾，它们在那里进行分娩、产卵等活动。而对体型较大的鲨鱼来说，这些区域很难出入。如今，雌性鲨鱼越来越难找到适合幼鲨成长的避难所，其主要原因是人类的活动破坏了许多红树林和珊瑚礁。

Part 4 鲨鱼庞大的族群

副渔获物是一个漏洞

一些国家明文规定，禁止捕捞濒临灭绝的鲨鱼种群或者数量逐渐减少的鲨鱼，但是作为副渔获物的鲨鱼并没有算在其中，这属于法律上的漏洞。

渔民用渔网捕获合法鱼类时，会网住一些其他动物，叫作副渔获物。无数的鲨鱼都被当成副渔获物而被捕捞，它们有可能是被渔网缠住或被捕鱼的钩子钩住。

蝴蝶效应

　　鲨鱼的孕期很长，通常一条鲨鱼只能产下 2～200 条后代。虽然看起来数量不少，但是相比一次性可以产下百万颗卵的硬骨鱼来说则少得太多了。如果一些鲨鱼群缩小，它们想要再恢复到原来的规模，就需要很长一段时间。如今的鲨鱼已经没有办法承担维护海洋生态的责任了，而其后果很严重，缤纷的珊瑚礁也会随之慢慢消亡。当一座珊瑚礁失去了鲨鱼的活动，可能会对珊瑚礁的生态系统产生负面影响，最终导致珊瑚礁的死亡。随后，就会逐渐波及整个海洋食物链。

开动脑筋

　　由于人们大量食用鱼翅，导致目前全球有 8 种鲨鱼濒临灭绝。"鱼翅"实际上是鲨鱼的（　　）。

A. 鳃　　　　B. 鳍
C. 鱼鳔　　　D. 脊柱

参考答案：B

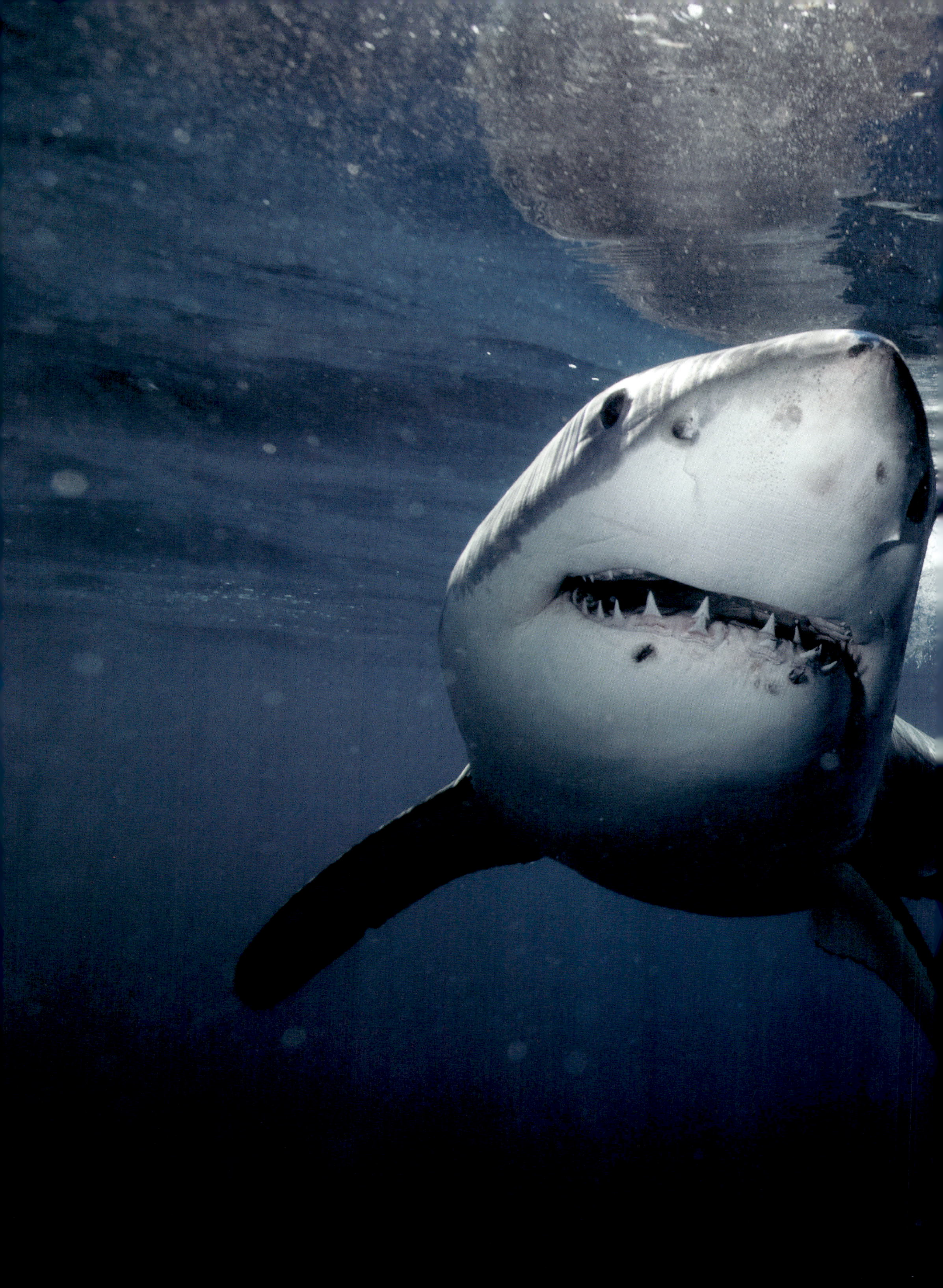

Part 5
来自人类的好奇

鲨鱼的种类数不胜数，人类对它们始终保持着一颗好奇心。那些大大小小、奇形怪状的鲨鱼，它们的生活是什么样的？它们存在的价值又是什么呢？鲨鱼处于海洋食物链的顶端，对它们而言，威胁最大的或许只有人类了。假如鲨鱼有一天消失了，海洋食物链也会遭到破坏，这对于海洋的生态平衡将是十分严重的打击……

Part 5 来自人类的好奇

鲨鱼究竟有多可怕

海洋作为地球上物种最丰富的生态圈，给人一种非常神秘的感觉。地球上最大的动物基本都生活在海洋中，而其中的鲨鱼，虽说一部分比较温顺，但有些却十分凶猛，它们的攻击性极强，且有着庞大的身躯。下面就介绍一些凶猛的鲨鱼，让我们一起去了解这些让人望而生畏的恐怖生物到底有多厉害吧！

牛鲨

牛鲨虽说没有大白鲨那么大的体型，但它们却是最恐怖且凶残的鲨鱼。雌性牛鲨比雄性的体型更大，它们因为自身壮硕的外形以及宽阔又平的鼻端而得名，再加上它们有极强的攻击性，因此名声大震。牛鲨不挑食，几乎什么都吃，研究人员曾在它们的胃里发现过牛、狗、人等的尸体。性情凶残暴虐的牛鲨还会攻击其他的鲨鱼，牛鲨战斗起来以凶狠著称，所以，它们也是人类在海洋中最不愿意见到的鲨鱼。

大白鲨

　　大白鲨是我们比较熟悉的一种鲨鱼，很多人一听到大白鲨就感觉害怕。大白鲨是一种肉食性动物，体型庞大，体重可以达到数吨，它们的三角形牙齿长达 10 厘米。它们有极强的攻击性。大白鲨还因为有极强的好奇心而闻名。它们经常在水中通过撕咬来探索一些不熟悉的目标。因此，人们在游泳的时候常被大白鲨咬伤。它们的牙齿锋利无比，能够轻松地撕裂动物的身体。

虎鲨

　　虎鲨的生活区域非常广，除地中海和大西洋外，几乎各个海域都有它们的活动踪迹。它们的体长可达 6 米，生性凶猛，战斗力极强。虎鲨的牙齿几乎无坚不摧，而且能够无限重生，断裂的和老化的都能重新长出来。虎鲨拥有良好的视觉和嗅觉，能侦测到动物藏身处电磁场的变化。虎鲨的食性非常杂，除了攻击其他鱼类外，还会攻击人类。

Part 5 来自人类的好奇

海洋 Discovery 系列　关于鲨鱼的一切

大青鲨

大青鲨体长 7 米左右，身体呈纺锤形，脑袋长又扁，背部呈青灰色，腹部则为白色。这种鲨鱼生活在热带，性情非常凶残，它们的游泳速度极快，并且身姿灵敏，行动力较强。它们平时的行动较为缓慢，但是狩猎速度比较快。大青鲨除了以章鱼、龙虾和硬骨鱼为食外，还会捕食一些小型的鲨鱼，也会主动攻击人类。

鼠鲨

鼠鲨算是远洋中的大型鲨鱼，它们的战斗力十分强悍。因为是远洋鲨鱼，因此，它们不会受到环境温度的影响。鼠鲨经常在 700 米左右深的水域出没，它们的游泳速度十分迅速，是游速最快的鲨鱼之一。如果鼠鲨盯上了什么猎物，那些猎物就很难逃脱它们的追捕。鼠鲨的名声并不是很好，因为它们会在没有受到威胁的情况下主动攻击那些游泳、冲浪和潜水的人，偶尔还会攻击小型渔船。

锥齿鲨

锥齿鲨虽然看似行动迟缓，性情比较温和，但是它们却可以用闪电般的速度去攻击对手。锥齿鲨的凶猛程度在海洋世界中可谓远近闻名。所以，千万不要惹怒这种鲨鱼。锥齿鲨有与生俱来的捕食本领，在它们出生之前，处于母体内的锥齿鲨就会互相残杀，一出生就具备了猎手的能力。它们的牙齿是针形的，非常适合刺穿鱼类，如果被它们咬住，后果不堪设想。

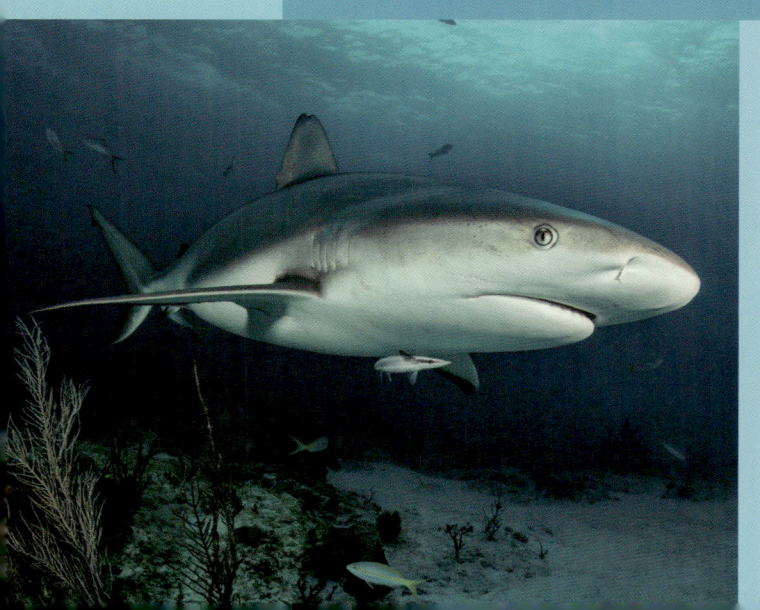

柠檬鲨

柠檬鲨属于中型鲨鱼，它们因为体色近似于柠檬的颜色而得名。柠檬鲨属于凶猛的掠食者，它们对人类有一定的威胁。柠檬鲨体长为3米左右，经常出没于浅滩的礁区，背鳍也常常会露出水面，人们远远就能看到它们。这种鲨鱼的好奇心非常强，会袭击人类，并且喜欢成群结队地寻找食物。它们喜欢在温暖的浅水区域活动，难免会遇到人类，对人类的威胁也是比较大的。

海洋 Discover 系列　关于鲨鱼的一切

Part 5 来自人类的好奇

没有鲨鱼会怎样

对很多人来说，一望无际的大海是一个让人望而生畏的陌生世界。这里的一切永远都秉承着弱肉强食的原则。当我们对海洋了解得越深刻，就越发赞叹这里的一切。在这里，每一个物种之间都存在着相互的关联，它们就是一个整体，少了其中的任意一环，都会影响海洋的生态平衡。

如果没有鲨鱼，海洋里的小鱼就会先酿成大祸。小鱼们会肆无忌惮地生长与繁殖，很快它们的食物——浮游生物、微生物、小虾米等都会被大量消耗，总数量严重透支，达不到重新繁殖的水平，也就是小鱼的食物无法再生，这样一来，所有小鱼最终都会被饿死。

那些没被吃掉的藻类和细菌会进入珊瑚礁，铺满任何能够生长的地方，使得珊瑚无法进行光合作用，最终死亡。没有了珊瑚，珊瑚礁就没有灵魂，再也不是海洋动物的避难所了。这个时候，只有四到五种食草动物比如海星和海胆能够存活，全世界的海洋将变得异常乏味。

鲨鱼虽说是掠食者，但有时候也是海洋其他动物的食物。例如，南非附近的海域就经常能够发现没有肝脏的大白鲨，它们遇到了更为强大的虎鲸，成为虎鲸的食物。科学家也曾在大西洋海底观察到一条白斑角鲨被一条石斑鱼吞了，甚至有些章鱼在饿了的时候也以鲨鱼为食。

鲨鱼排出体外的东西也能给海洋植物提供大量养分，一些迁徙的鲨鱼，如黑尾真鲨在印度洋和太平洋的珊瑚礁之间穿梭，它们游过的产生含氮的养分，滋养珊瑚礁。例如，在美国的巴尔米拉环礁中，每天在这里游荡的黑尾真鲨能给礁石提供 95 千克的氮肥。所以，如果鲨鱼消失了，海洋发生的一大变化就是营养链条断裂。

海洋万花筒

爱尔兰的一位动物学博士说，不论它们生活在哪里，也不论它们的体型是什么样的，所有的鲨鱼都是掠食者，因此，它们对栖息地的生态至关重要，如生活在海草场的虎鲨会吓走海龟，防止它们过度啃食海草。

海洋 Discover 系列　关于鲨鱼的一切

Part 5 来自人类的好奇

食物链顶端

像大白鲨这样的巨型鲨鱼，它们位于海洋食物链的顶端，可以被称为顶级的掠食者。光是听到它们的名字，就会让人感觉毛骨悚然。

鲨鱼的重要性

大型鲨鱼位于海洋食物链的最顶端，所以，它们在海洋世界里起到了生态平衡调节器的作用。不同种类的鲨鱼会分别去捕食一些弱小的鱼类。如此一来，就可以避免某种鱼类过度繁殖。因为过度繁殖会让海洋生态失去平衡。鲨鱼数量的减少或某些鲨鱼的灭绝会对海洋物种的平衡造成极为严重的不良影响。

开动脑筋

不同种类的鲨鱼会分别去捕食一些弱小的鱼类。如此一来，就可以避免（　）。

A. 某种鱼类过度繁殖
B. 某种鱼类过于强大
C. 某种鱼类攻击人类
D. 某种鱼类和鲨鱼抢夺食物

168

如果没有鲨鱼

假如鲨鱼一旦消失或者绝种，那么比鲨鱼低一层的掠食者就会开始泛滥，原本平衡的生态将会受到巨大的冲击。这种冲击会波及海洋的整个食物链。就连最底层的浮游生物也不能幸免。因此，鲨鱼属于海洋食物链中的关键物种。人类对鲨鱼的保护成了一个非常重要和关键的因素。

海洋万花筒

一位海洋科学部门的助理教授曾说："如果鲨鱼消失了，小型鱼类的种群数量会暴增，因为没东西能限制它们了，紧接着，它们的食物——浮游生物、微生物、小虾——都会被吃光，最终所有的小型鱼类就会饿死。"

有海洋生物学家曾在《福布斯》杂志上写道，灰礁鲨这类迁徙鲨鱼会留下富含氮的粪便，为海洋多处区域的生物提供养分。

Part 5 来自人类的好奇

以下是海洋食物链缩小后的版本。居于顶层的鲨鱼属于顶级掠食者，然而，如果没有了浮游植物为食物链奠定基础，整个生态也就无法维持。

无脊椎动物

章鱼和乌贼会捕食小型鱼类。

大白鲨

大白鲨这样的顶级掠食者主要以海洋中的哺乳动物（如海豹）、大型鱼类（如金枪鱼）以及一些无脊椎动物（如章鱼）为食。

金枪鱼

金枪鱼这样的大型鱼类会捕食乌贼和水母。

沙丁鱼

沙丁鱼这样的小型鱼会捕食桡足类的浮游动物。

浮游植物

浮游植物会通过自身的叶绿素吸收太阳的能量。

桡足类

桡足类浮游动物会以浮游植物为食。

水母

几乎所有的水母都是以浮游动物为食，不过有一些水母也会捕食小型鱼类。

鲨鱼与人类

只要一提到鲨鱼，人们首先就会想到大白鲨，电影《大白鲨》中有一个场景：一个让人望而生畏的背鳍划过水面，大白鲨张开巨大的嘴，露出锋利无比的牙齿，开始攻击那些游泳者……

现实中鲨鱼攻击人类的案例其实不多见，人类并不是鲨鱼喜欢的食物。然而，鲨鱼伤人的事件还是偶有发生，这些事件的发生多半是因为鲨鱼误以为人类是一些海洋动物，或者是因为它们受到了人类的威胁和挑衅。

鲨鱼来了该如何办

人们在海里游泳、冲浪或者潜水时，几乎很难完全避免遇到鲨鱼。如果我们不幸遇到了鲨鱼，首先要保持冷静，不要慌张。鲨鱼对水中静止的物体基本没有什么兴趣，所以，在遇到鲨鱼的时候，尽量不要做出幅度比较大的动作，避免惊扰到鲨鱼，更不能用双手双脚来划水踢水。其次，我们应该面对鲨鱼而不是背对鲨鱼，因为有的鲨鱼其实比较胆小，它们喜欢从背后袭击猎物。一旦鲨鱼向你游来，千万不能慌张逃开，这样反而会让鲨鱼以为你就是它们要捕杀的猎物，会激起它们捕食的欲望。

基本原则

对待鲨鱼，我们需要遵守的基本原则是不要主动去招惹它们，更不能去触碰它们，也不能离它们太近，尽可能与它们保持距离。当我们潜水的时候绝对不能私自脱队，并且尽可能慢慢浮在水面。如果你刚好带着摄像机，那么就用它对准鲨鱼，或者可以利用潜水鞋把水推向鲨鱼。

降低风险

如何降低与鲨鱼不期而遇的风险呢？首先，在一些鲨鱼出没的区域，最好不要在早晨或者黄昏下水游泳。因为这段时间是鲨鱼出来觅食的时间。其次，在游泳的时候不要佩戴那些带有闪光或者发亮的首饰，因为鲨鱼会把这些东西当成它们要猎食的动物。再次，即便是非常少量的血液，鲨鱼也能嗅到血腥的味道。所以，就算身上的伤口很小，也应该老实待在岸上。另外，受伤的动物在挣扎的时候可以传出振动波，鲨鱼可以很好地辨认这种波。所以，当我们在水中的时候，应尽量避免做出一些幅度大的动作。最后，当鱼群向着我们游来的时候，我们就应该警惕了，因为在它们身后很有可能跟着鲨鱼。

Part 5 来自人类的好奇

最后的警告

当鲨鱼拱起背、垂下胸鳍、张开嘴巴，并且不停地来回摆动自己头部的时候，就说明它们已经遭到了威胁，也代表着我们可能已成为鲨鱼攻击的目标。对此，我们应该面对鲨鱼，缓缓地后退，方有一线生机。

好奇的心理

当你和鲨鱼保持一定距离时，鲨鱼自身也会有安全感。它们可能对你产生好奇心，上前来观察你，然后转身离开。

奇闻逸事

在全世界范围内，每年被鲨鱼杀死的人有近10人，与此相比，人们被椰子掉落砸死的事件却层出不穷，死亡人数有150多人。另外，每年会有4万多人被毒蛇咬伤致死，还有超过200万人因为蚊虫叮咬而死亡。所以，受到鲨鱼袭击而丧命的风险其实并不高。

投喂鲨鱼

有一项海洋活动极具争议,那就是给鲨鱼喂食。这项活动将人关在一个铁笼子里,看着外面的鲨鱼,并给它们喂食。尽管人跟鲨鱼十分接近,但由于有铁笼子的保护,鲨鱼倒也习惯了这种方式。即便有别的、陌生的潜水者前来喂食,它们也会大方地上前来索要食物。

辨别鲨鱼

鲨鱼的背鳍就像刀一样,可以迅速划破水面,但这并不代表鲨鱼处于进攻的状态。海豚、枪鱼以及其他一些海洋生物也有像刀一样的背鳍,它们偶尔也会像鲨鱼这样用背鳍划过水面,甚至蝠鲼的"翅膀"有时候看起来也像鲨鱼的背鳍。

Part 5 来自人类的好奇

食人鲨鱼

有很多专业人员会将牛鲨看成最危险的鲨鱼。它和大白鲨、居氏鼬鲨一样，具有极强的攻击性，而且它们都以大型猎物为食。假如人类踢打、捶击鲨鱼的话，大白鲨和居氏鼬鲨都会放弃攻击，进而转身离开。但是牛鲨却完全不同，它们会一次次地游回来，毫不气馁地攻击目标。并且，如果一条牛鲨咬住了猎物，即便有人前来救援，它也不肯松口。

防范鲨鱼

一些沿海地带经常会有鲨鱼出没，所以，为了防止鲨鱼伤害到人类，产生不必要的灾难，政府都会派出巡逻人员随时随地地观察鲨鱼的位置。在游客很多的沙滩上，直升机会飞得很低，然后通过海面上露出的背鳍来观察鲨鱼。还有一些安装在水里的防鲨网可以防止鲨鱼的突然袭击。但是鲨鱼一旦被这种网缠住，它们可能就会窒息而亡。另外，科学家或者一些潜水者会穿着钢丝网衣，这样可以让他们安全地在水里观察和研究鲨鱼。

危险地带

牛鲨总喜欢在靠近海岸的地方活动，它们还有可能埋伏在热带的浅水地带，甚至是房屋旁的沟渠里。孤身一人的潜水者或者游泳者都会成为牛鲨的猎物。

奇闻逸事

有一个有趣的调查，发现鲨鱼主要攻击的人群基本都是男性，女性则少了很多。至于为什么会出现这样的情况，科学家没能给出一个准确的答案。一些科学家推测，这可能和男性身上分泌的雄性荷尔蒙有关，男性跟女性的体味有很大的区别，而鲨鱼比较倾向于攻击有雄性荷尔蒙的男性。

开动脑筋

鲨鱼之所以会攻击人类，往往是因为它们把人类当成了海洋之中的其他生物，认为是它们平时所捕获的，像是一些（　　）之类的生物。

A. 珊瑚礁　　　B. 虾和蟹
C. 海狮、海豹　　D. 幼鲨

参考答案：C

海洋生物学家与鲨鱼

桑德拉·贝苏多是一位来自哥伦比亚的海洋生物学家,她十分喜爱鲨鱼,尤其钟爱马尔佩洛岛的双髻鲨。马尔佩洛岛是太平洋上的一座火山岛,位于距离哥伦比亚本土500多千米以外的海域,这里常年聚集一些路氏双髻鲨。

追踪器可以干什么

桑德拉·贝苏多与一位来自比利时的世界顶尖潜水专家佛烈德·波伊勒一同坐船来到马尔佩洛岛。佛烈德·波伊勒在没有携带任何水下供氧设备的情况下就下了水。他深潜至鲨鱼出没的地方,轻松地将电子追踪器安装在鲨鱼的身上。而桑德拉·贝苏多则想通过追踪器研究双髻鲨是如何迁徙的,整理出一些人类该如何有效地保护鲨鱼的知识。

桑德拉都做了什么

马尔佩洛岛不仅有大量的鲨鱼,而且周围盛产其他鱼类,因此有许多渔民前来捕鱼。渔民们经常会捕获一些鲨鱼。桑德拉·贝苏多为了解救这些鲨鱼,一直在为争取更大面积的保护区而努力。

为了保护马尔佩洛岛的鲨鱼,桑德拉·贝苏多还准备了电子标记,她要把电子标记安装到鲨鱼身上,而电子标记就是一块芯片,可以用来追踪鲨鱼的位置。桑德拉·贝苏多早前就已经在马尔佩洛岛附近设置了水底感应站,用来接收信号。

🔬 海洋万花筒

一些海洋生物学家通过研究发现:鲨鱼是海洋生物中没有得过癌症的生物,这一发现让科研人员欣喜若狂。不过他们为了更严谨一些,对此进行了长达25年的实验。在这25年中,他们喂养并观察了5000条鲨鱼,同时也陆陆续续地将这些鲨鱼捕捉起来并进行试验。最后结果表明:仅仅只有1条鲨鱼生有肿瘤,而且还是良性肿瘤。这场持续25年的实验结果震惊了许多专家学者。这似乎证实了科学家们的推测——鲨鱼不会得癌症。

海洋 Discovery 系列　关于鲨鱼的一切

Part 5 来自人类的好奇

标记鲨鱼

佛烈德·波伊勒的身手很敏捷，他悄无声息地潜入水底，并小心翼翼地寻找鲨鱼的踪迹。他是一位潜水专家，并且对双髻鲨十分了解，所以他总能找到鲨鱼躲藏的地点，然后将电子标记安装在鲨鱼身上。虽然佛烈德·波伊勒用鱼叉将标记射向鲨鱼的背鳍，但鲨鱼并不会感到疼痛。相反，这一举动拯救了无数的鲨鱼。

奇闻逸事

美国夏威夷大学的海洋生物学家通过研究发现，鲨鱼可以感知到地球磁场的变化。这一发现为证明海洋鱼类存在一个内部的"罗盘"系统引导它们辨别方位提供了新的例证。

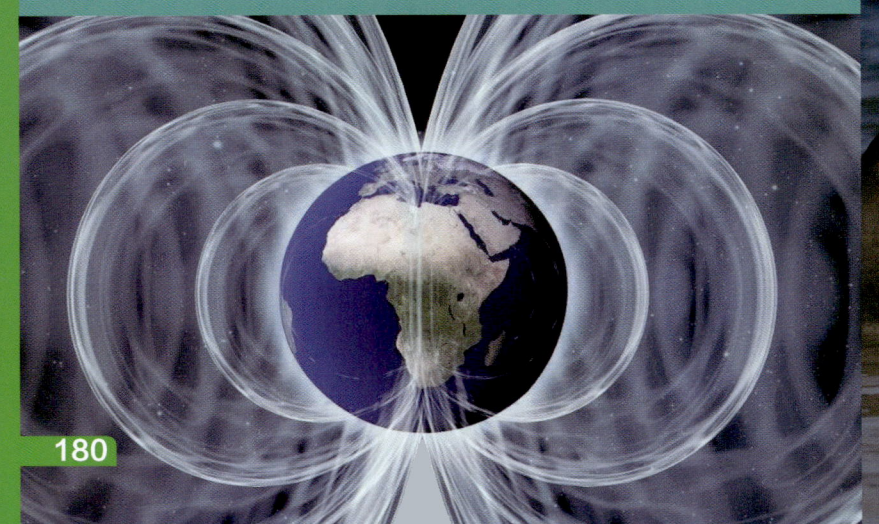

桑德拉的目标是什么

桑德拉·贝苏多总是为这些鲨鱼，以及马尔佩洛岛周围的海洋生物全力以赴。这一片海域布满了许多可以藏身的岩洞，许多鱼都会来到此地产卵，利用这些天然的屏障来自我保护。此外，这里含有养分丰富的水流，从海底流向海面，食物来源也非常充足。因此，这里的鱼类资源非常丰富，从而成为幼鲨的天堂。鱼群聚集、海藻繁茂的地方都是鲨鱼时常出没的地方。桑德拉·贝苏多总会不厌其烦地邀请潜水高手同她一起观测鲨鱼。借助一些在鲨鱼身上获得的资料，希望去说服一些政治人物，能将她提出的扩大保护区的理念一直推行下去。

奇闻逸事

2009年4月22日是第四十个世界地球日，这一天，中国企业家俱乐部等携手野生救援协会在北京联合发起了一项名为"保护鲨鱼，拒吃鱼翅"的公益倡议行动，旨在通过企业家们的带头作用，进一步扩大中国对濒危动物的保护力度。

Part 5 来自人类的好奇

马克·斯波尔丁

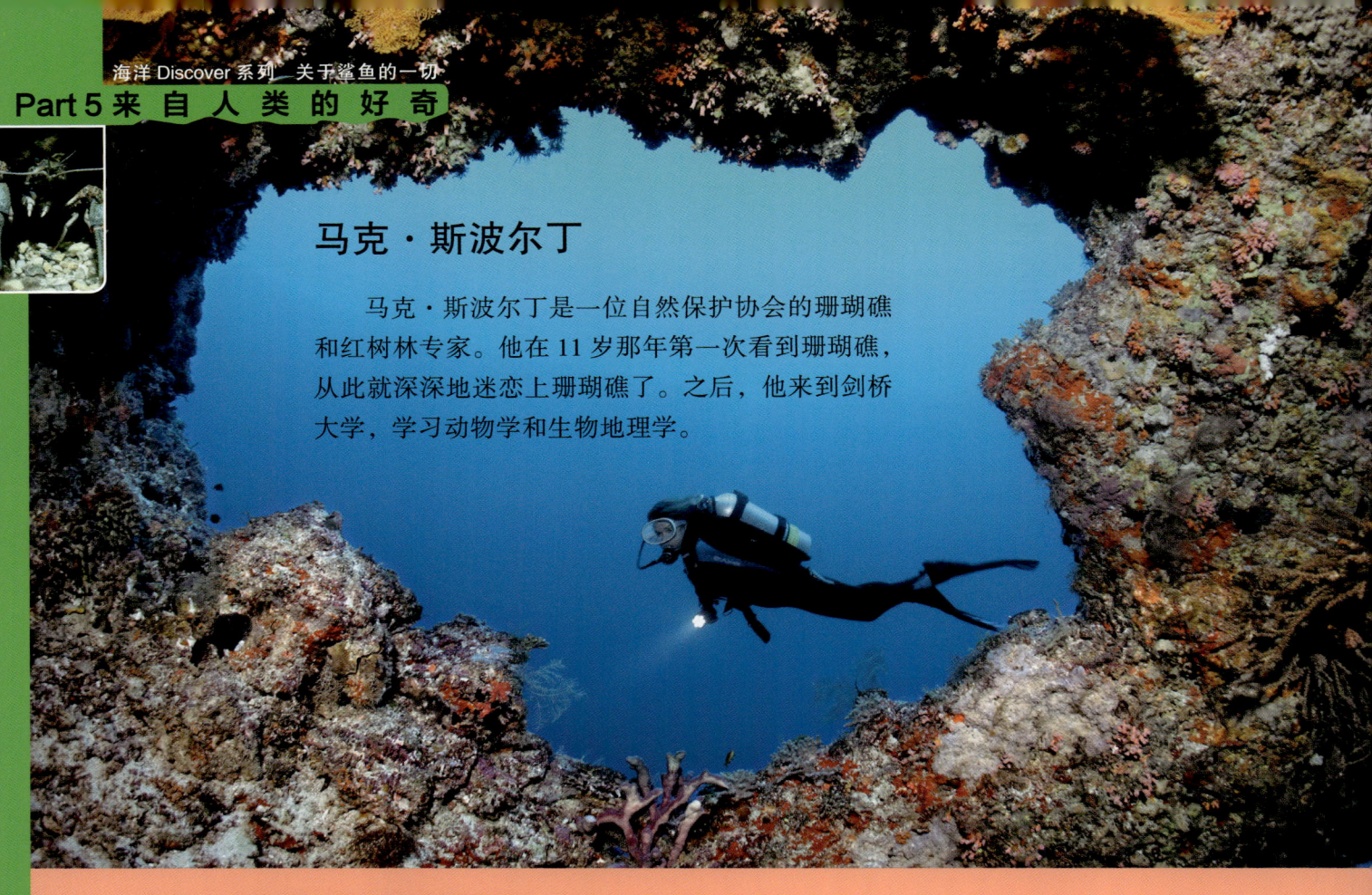

马克·斯波尔丁是一位自然保护协会的珊瑚礁和红树林专家。他在 11 岁那年第一次看到珊瑚礁，从此就深深地迷恋上珊瑚礁了。之后，他来到剑桥大学，学习动物学和生物地理学。

马克·斯波尔丁与鲨鱼

马克·斯波尔丁曾经参加过一个科学潜水的考察项目，他在印度洋几座与世隔绝的小岛上度过了很长一段时间。在那里，他发现礁鲨的数量在 20 年内急剧下降。他说鲨鱼从来不会攻击在珊瑚礁上的人，所以，他永远都是穿着一件普通的潜水服下水。他曾亲眼见过鲨鱼，它们的身体十分强壮，眼睛似乎永远都在盯着人，十分吓人。但他知道，只有极少数的鲨鱼会对人类造成危险，他也从来没有游到距离鲨鱼很近的地方。

去哪里观察鲨鱼

马克·斯波尔丁说,人类观察鲨鱼最好的地点就是水族馆,如果出门旅行的话,在澳大利亚、巴哈马群岛、马尔代夫和斐济等地,可以看到野生的鲨鱼。

反对捕杀

马克·斯波尔丁和大多数人一样,都反对捕杀鲨鱼,而鲨鱼之所以需求量很大,主要就是因为它们的鳍,这听起来十分残忍。鲨鱼属于海洋食物链中的顶级掠食者,它们可以控制小型肉食性动物的数量,从而让其他鱼类、无脊椎动物可以很好地繁衍生息,这对生物的多样性来说是很有帮助的。

开动脑筋

人类需要停止捕杀鲨鱼,首先要做的就是不要再吃( )。

A. 鱼翅
B. 鱼皮
C. 鱼头
D. 鱼骨头

Part 5 来自人类的好奇

掠食者保护计划

　　鲨鱼如今受到的威胁越来越大，也有一些人开始试图去挽救这一族群。在许多国家，伤害和捕捞大白鲨、鲸鲨这样的易危物种都属于违法行为。许多保护组织也在督促各个国家的政府禁止人们对鲨鱼的捕捞以及割鳍，另外还有一些人开始保护和修复幼鲨的生长环境。现在科学家们可以通过高科技来了解鲨鱼，如观测它们的迁徙路线等。同时，人们也开始在水族馆中了解到鲨鱼在海洋里的生活状态。这些行为都是为了确保鲨鱼可以经久不衰地繁衍下去。

鲨鱼观光业

　　在很多地方，鲨鱼已经成为当地发展旅游业的最大卖点，吸引着来自世界各地的观光客通过潜水去观看它们。潜水观光鲨鱼的产业，成功证明了活着的鲨鱼比死去的鲨鱼更加具有商业价值。

水族馆

水族馆的出现很大程度上让人类开始了解到鲨鱼的脆弱，以及它们日益减少的状况。一些体型较大的大西洋锥齿鲨几乎已经从澳大利亚的海域消失了，在世界其他水域也很难见到它们的身影。

红树林

保护红树林的工作如今已经在世界范围内有序地展开了。那里是许多鲨鱼生命开始的地方。世界上多半的原始红树林已经消失，即使有一些残留下来的红树林，也因为工业发展而受到了威胁。红树林是许多水生生物的避难所，其腐烂的根部是一些小生物的食物，这些小生物又会被小虾、小鱼吃掉，之后小虾、小鱼又会成为较大鱼类和幼鲨的食物，就这样一直循环下去。

奇闻逸事

科学家通过研究和实验表明，鲨鱼对人类的威胁相对较小，普通人被鲨鱼袭击的案例也不多，因此，对鲨鱼极度恐惧是完全没有必要的。大多数鲨鱼攻击人类只是因为它们受到人类的骚扰。在为数不多的鲨鱼攻击人类的案例中，致命的攻击屈指可数。

Part 5 来自人类的好奇

保护意识

随着鲨鱼的数量一点点减少，人们开始意识到保护鲨鱼的重要性。很多专家学者也都提出了各种各样的方法。对普通人来说，我们又能做些什么呢？

参与

我们可以参加一些保护鲨鱼的组织，如鲨鱼联盟或鲨鱼保护协会等。这些组织的宗旨就是保护全世界范围内的鲨鱼。

捍卫者

向你的同学、朋友介绍鲨鱼的重要性，并且告诉他们为什么要去保护鲨鱼。我们应该成为鲨鱼的捍卫者，让它们不会因人类的过度捕捞而灭绝。

拒绝塑料制品

塑料中含有大量的有毒物质，人们经常会把塑料制品当作垃圾扔进大海，塑料制品对鲨鱼的威胁主要有两个：一是有些大塑料袋会套在小鲨鱼身上，影响小鲨鱼的生长发育，甚至让它们的生命受到威胁；二是有些长条形的塑料垃圾可能紧紧勒住鲨鱼的身体，将它们勒死。

关于食物

拒绝食用鱼翅之类的食物，并且还要仔细地查看菜单，看里面有没有一些用鲨鱼肉做的菜。

关于鲨鱼制品

不要购买用鲨鱼牙齿做成的饰品，也不要购买鲨鱼的颌骨标本等。更不要购买那些含有鲨鱼肝油制成的保健品、护肤品或化妆品。

发现更多信息

在其他书籍或者互联网上发现和了解更多有关鲨鱼的知识。

记录

记录下你所学到的有关鲨鱼的知识，包括一些鲨鱼的新闻。很快，你就会有一个属于自己的鲨鱼档案了。

Part 5 来自人类的好奇

鱼翅真的好吗

从营养学的角度来看，鱼翅其实并不含有高价值的营养，这是因为鱼翅所含的蛋白质中缺少一种必需的氨基酸，属于一种不完全蛋白质。如果想要补充蛋白质，很多食物其实更值得去选择，如豆制品、鸡蛋和瘦肉等，所以靠鱼翅补养身体纯粹是无稽之谈。鱼翅不仅不能补养身体，还有可能使人中毒。根据调查研究发现，在鱼翅汤中含有高浓度的水银，这种物质对人的高级神经系统有很严重的伤害。

海洋万花筒

加利福尼亚州是美国消费鱼翅量最大的地区，每年有多达1亿条鲨鱼遭到捕杀，其中约有7300万条因鱼翅而丧生。为了保护野生鲨鱼资源，美国夏威夷州、俄勒冈州和华盛顿州已经禁止食用鱼翅。鱼翅禁令是美国加利福尼亚州为保护野生鲨鱼通过的一项议案，禁令规定，从2013年1月1日起禁止在该州出售、拥有和销售鱼翅。

没有买卖就没有杀害

鲨鱼并不是人类的敌人，它们其实很怕人类，并且很少攻击人类，每年被鲨鱼杀死的人类平均只有5人。人们以为鱼翅很珍贵，也很滋补，但事实上，鱼翅并没有人们想象的那么好，它们只不过是有钱人用来彰显社会地位的一种手段而已。科学家们曾经做过一个实验，他们将一碗鱼翅和一碗鸡蛋羹进行比较，结果发现鱼翅的蛋白质和很多营养成分远不如鸡蛋羹。更让人难过的是，鲨鱼的肉因为不值钱，所以人们在捕获鲨鱼之后，就活生生地把它们的鳍割掉，然后把受伤的鲨鱼抛进大海。这些被割掉鳍的鲨鱼因为无法游泳了，就只能直直地沉入大海，然后等死。

拯救鲨鱼，从我做起

鲨鱼处于海洋食物链的顶端，它们要是灭绝了，人类也将遭受灭顶之灾，因为人类生存所需的氧气的70%是海洋浮游生物提供的。鲨鱼一旦灭绝了，没有了天敌的控制，其他海洋生物就会大量吞噬海洋浮游生物，海洋是地球上最重要的生态系统，起到调节气候和为其他生物提供食物的作用，因此，拯救鲨鱼其实就是在拯救人类自己。

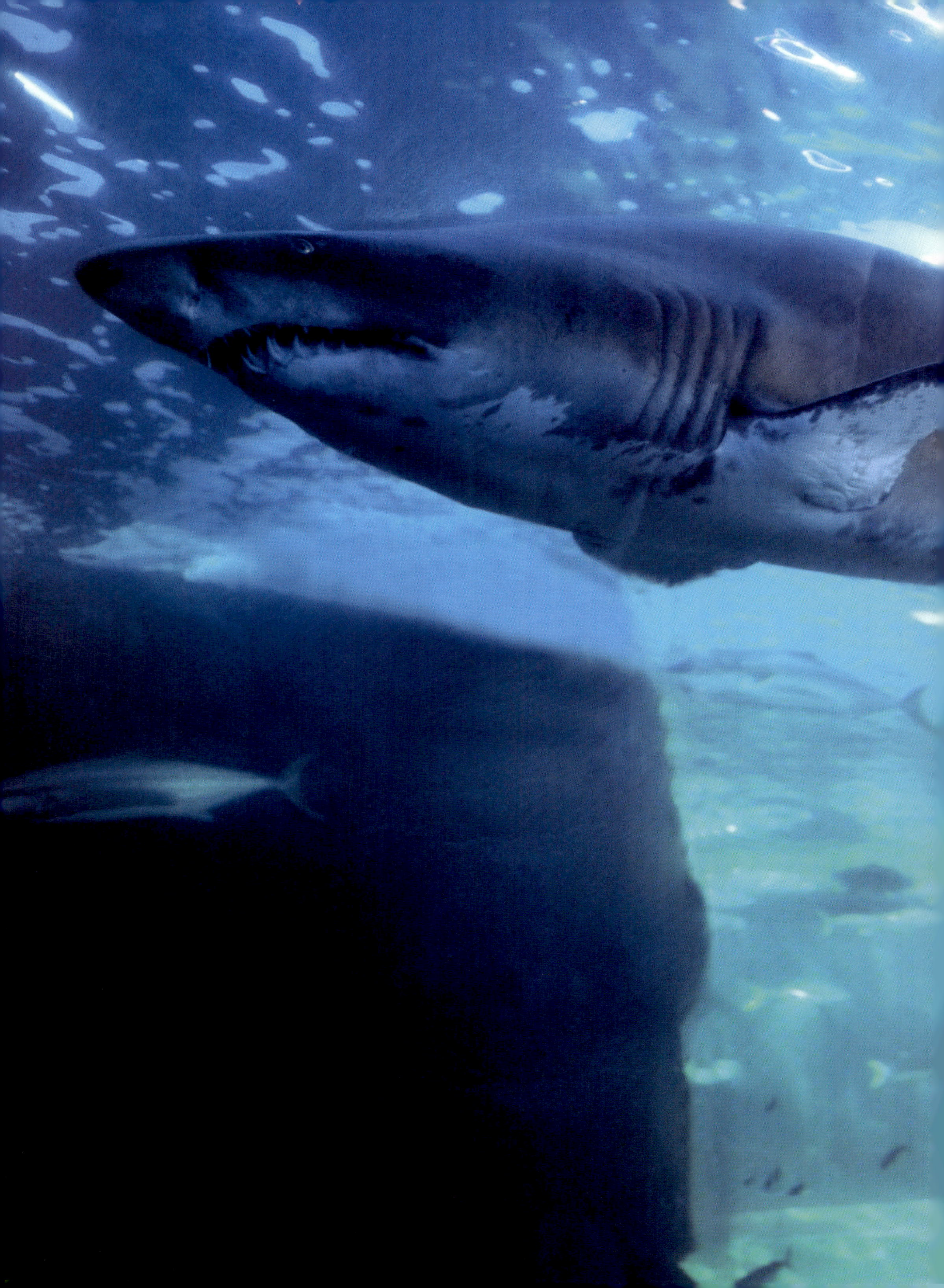

附录
鲨鱼图鉴

▼虎鲨

▼大白鲨

▼灰礁鲨

►长尾鲨

▲ 鼠鲨

▲ 灰鲭鲨

▲ 锥齿鲨

▲ 鲸鲨

▲长鳍真鲨

▼鲑鲨

▼鼬鲨

▼须鲨

▲双髻鲨

►姥鲨

▼牛鲨

▶柠檬鲨

▼三齿鲨

◀白斑角鲨

▼肩章鲨

▼豹纹鲨

海洋 Discovery 系列

关于鲨鱼的一切

- 关于深海的一切
- 关于企鹅的一切
- 关于水母的一切
- 关于台风的一切
- 关于鲨鱼的一切
- 关于潜水的一切
- 关于极地的一切
- 关于章鱼的一切
- 关于观赏鱼的一切
- 关于鲸的一切